W0268475

Forschungsberichte 

Band 119

**Berichte aus dem
Institut für Werkzeugmaschinen
und Betriebswissenschaften
der Technischen Universität
München**

Herausgeber:
Prof. Dr.-Ing. G. Reinhart
Prof. Dr.-Ing. J. Milberg

Lothar Bauer

Strategien zur rechnergestützten Offline-Programmierung von 3D-Laseranlagen

Mit 93 Abbildungen

Springer

Dr -Ing Lothar Bauer
Institut fur Werkzeugmaschinen und Betriebswissenschaften (iwb), München

Univ -Prof Dr -Ing G. Reinhart
o Professor an der Technischen Universität München
Institut fur Werkzeugmaschinen und Betriebswissenschaften (iwb). München

Univ -Prof Dr -Ing J Milberg
o Professor an der Technischen Universität München
Institut fur Werkzeugmaschinen und Betriebswissenschaften (iwb), München

D91

ISBN 978-3-540-65382-0   ISBN 978-3-662-10087-5 (eBook)
DOI 10.1007/978-3-662-10087-5

Geleitwort der Herausgeber

Die Produktionstechnik ist für die Weiterentwicklung unserer Industriegesellschaft von zentraler Bedeutung. Denn die Leistungsfähigkeit eines Industriebetriebes hängt entscheidend von den eingesetzten Produktionsmitteln, den angewandten Produktionsverfahren und der eingeführten Produktionsorganisation ab. Erst das optimale Zusammenspiel von Mensch, Organisation und Technik erlaubt es, alle Potentiale für den Unternehmenserfolg auszuschöpfen.

Um in dem Spannungsfeld Komplexität, Kosten, Zeit und Qualität bestehen zu können, müssen Produktionsstrukturen ständig neu überdacht und weiterentwickelt werden. Dabei ist es notwendig, die Komplexität von Produkten, Produktionsabläufen und -systemen einerseits zu verringern und andererseits besser zu beherrschen.

Ziel der Forschungsarbeiten des *iwb* ist die ständige Verbesserung von Produktentwicklungs- und Planungssystemen, von Herstellverfahren und Produktionsanlagen. Betriebsorganisation, Produktions- und Arbeitsstrukturen sowie Systeme zur Auftragsabwicklung werden unter besonderer Berücksichtigung mitarbeiterorientierter Anforderungen entwickelt. Die dabei notwendige Steigerung des Automatisierungsgrades darf jedoch nicht zu einer Verfestigung arbeits- teiliger Strukturen führen. Fragen der optimalen Einbindung des Menschen in den Produktentstehungsprozeß spielen deshalb eine sehr wichtige Rolle.

Die im Rahmen dieser Buchreihe erscheinenden Bände stammen thematisch aus den Forschungsbereichen des *iwb*. Diese reichen von der Produktentwicklung über die Planung von Produktionssystemen hin zu den Bereichen Fertigung und Montage. Steuerung und Betrieb von Produktionssystemen, Qualitätssicherung, Verfügbarkeit und Autonomie sind Querschnittsthemen hierfür. In den *iwb*-Forschungsberichten werden neue Ergebnisse und Erkenntnisse aus der praxisnahen Forschung des *iwb* veröffentlicht. Diese Buchreihe soll dazu beitragen, den Wissenstransfer zwischen dem Hochschulbereich und dem Anwender in der Praxis zu verbessern.

Joachim Milberg   *Gunther Reinhart*

Vorwort

Die vorliegende Dissertation entstand während meiner Tätigkeit als wissenschaftlicher Mitarbeiter am Institut für Werkzeugmaschinen und Betriebswissenschaften (*iwb*) der Technischen Universität München.

Herrn Prof. Dr.-Ing. Dr. h.c. Joachim Milberg und Herrn Prof. Dr.-Ing. Gunther Reinhart, den Leitern dieses Instituts, gilt mein besonderer Dank für die wohlwollende Förderung und großzügige Unterstützung meiner Arbeit.

Bei Herrn Prof. Dr.-Ing. H. Hoffmann, dem Leiter des Lehrstuhls für Umformtechnik und Gießereiwesen der TU München der Technischen Universität München, möchte ich mich für die Übernahme des Korreferates und die aufmerksame Durchsicht der Arbeit sehr herzlich bedanken.

Darüberhinaus bedanke ich mich bei allen Mitarbeiterinnen und Mitarbeitern des Instituts sowie allen Studenten, die mich bei der Erstellung meiner Arbeit unterstützt haben, recht herzlich.

München, im Dezember 1998   *Lothar Bauer*

Inhaltsverzeichnis

1 Einleitung

Durch die Globalisierung der Märkte geraten Unternehmen verstärkt unter Wettbewerbsdruck *(Gebhardt 1997, Ahle 1997)*. Konkurrenten aus Ländern mit deutlich niedrigerem Lohnniveau drängen mit billigen Produkten auf den Markt. Langfristig haben unter diesen Randbedingungen nur Unternehmen gute Chancen, die sich der Herausforderung stellen und aktiv den Wettbewerb aufnehmen. Kosten zu senken ist dabei eine Maßnahme, um wettbewerbsfähig zu bleiben. Neben den Kosten stellen jedoch auch die Innovationskraft und das Qualitätsbewußtsein eines Unternehmens zunehmend Differenzierungskriterien dar *(Wildemann 1997)*. Diese Entwicklung wird dadurch verstärkt, daß Kunden vermehrt nach individuellen, qualitativ hochwertigen Erzeugnissen verlangen. Dies hat zur Folge, daß diejenigen Unternehmen Wettbewerbsvorteile erzielen, die in immer kürzerer Zeit Produkte entwikkeln und dabei die steigenden Ansprüche der Kunden an deren Qualität und Kosten erfüllen können *(Milberg 1997)*.

Um diesen vielfältigen Anforderungen gerecht zu werden, müssen Unternehmen innovative und flexible Produktionstechnik einsetzen *(Reinhart et al. 1994a)*. Die Laserstrahlmaterialbearbeitung ist ein solches innovatives Fertigungsverfahren. Obwohl der Laser erst 1960 entwickelt wurde, hat er sich relativ schnell aus den Versuchslaboratorien hinaus in industriellen Anwendungen etabliert. Heute eröffnen sich ihm in vielen Branchen zunehmend neue Einsatzfelder. So konnten deutsche Laser- und Lasersystemhersteller allein 1996 den Umsatz im Vergleich zum Vorjahr bei Lasern um 29% und bei Lasersystemen um 46% steigern *(RK 1997)*.

Verschiedene Gründe sprechen für den Einsatz des Lasers in der Fertigung. Der Laser zeichnet sich durch eine hohe Bearbeitungsqualität sowie gute Automatisierbarkeit und Integrierbarkeit in Produktionsabläufe aus. Der Einsatz von Portalen und Gelenkrobotern als Handhabungsgeräte in der räumlichen Laserstrahlmaterialbearbeitung sorgt zudem für eine hohe Flexibilität.

Wurden Roboter anfangs aufgrund ihres einfachen Aufbaus und ihrer dadurch begrenzten Möglichkeiten vorwiegend für weniger anspruchsvolle Arbeiten, wie etwa für einfache „Pick and Place"-Aufgaben, eingesetzt, so findet man sie heute nach umfangreichen Weiterentwicklungen ihrer Mechanik, ihrer Antriebe und ihrer Steuerungen, in fast allen Bereichen der Fertigungstechnik. Daß die Nachfrage nach diesen flexiblen Handhabungssystemen steigt, verdeutlicht die Anzahl der installierten Industrieroboter, deren Zahl in Deutschland allein 1995 um 15% zugenommen hat *(Schweizer 1996)*.

Gelenkroboter haben sich zu sehr flexiblen Standardkomponenten entwickelt, deren Preise auf Grund hoher Stückzahlen in den letzten Jahren deutlich gefallen sind *(Roboter-Markt 1996)*. Gelenkroboter werden deshalb zunehmend auch für anspruchsvolle Bahnapplikationen, wie etwa die Laserstrahlmaterialbearbeitung, attraktiv. Denn sie ermöglichen auf Grund ihrer im Vergleich zu Portalrobotern deutlich niedrigeren Investitionskosten den Aufbau relativ günstiger 3D-Laserstrahlbearbeitungsanlagen.

Zur Steigerung der Produktivität kommt aber neben der Verbesserung der Maschinen, Werkzeuge und der Fertigungsprozesse selbst vor allem der informationstechnischen Integration der Fertigungsverfahren in die Produktion immer größere Bedeutung zu. Gerade in der Arbeitsvorbereitung lassen sich durch die rechnergestützte Programmierung der Fertigungsanlagen Zeit und Kosten sparen. Doch nur durch eine Betrachtung der gesamten Kette von der Konstruktion über die Arbeitsvorbereitung bis hin zur Fertigung können vorhandene Produktivitätspotentiale hinreichend ausgenutzt werden.

Diese Arbeit befaßt sich daher mit Methoden zum Erzielen einer effizienten CAx-Kette für die räumliche Laserstrahlmaterialbearbeitung und insbesondere das 3D-Laserstrahlschneiden, da hier die Vorteile einer sinnvollen informationstechnischen Integration besonders deutlich zum Tragen kommen. Grund dafür ist, daß das räumliche Laserstrahlschneiden heute überwiegend im Kleinserien- und Prototypenbau eingesetzt wird und in der Regel kleine Losgrößen bei einem stark wechselnden Bauteilspektrum gefertigt werden. Dies aber hat zur Folge, daß beim 3D-Laserstrahlschneiden häufig neue Anlagenprogramme generiert werden müssen. Geschieht dies, wie noch oftmals üblich, durch Teach-In an der Anlage, so kann während der Programmierung die Anlage nicht für die Fertigung genutzt werden und deren Produktivität sinkt. Mit Hilfe einer Offline-Programmierung kann die Produktivität der Anlagen gesteigert werden. Wichtig für eine effiziente, rechnergestützte Programmierung ist aber, daß bei der Programmerzeugung Freiräume, die der Bearbeitungsprozeß und die Anlage bieten, gezielt genutzt werden und somit die Programmierung technologie- und anlagenorientiert durchgeführt wird.

2 Ausgangssituation und Grundlagen

2.1 Prozeßkette zur Fertigung von Bauteilen

Beim Schneiden und Schweißen von Bauteilen mit 3D-Laserstrahlanlagen sind
zahlreiche Arbeitsschritte durchzuführen, bis Bauteile gefertigt werden können.
Bild 2.1 gibt einen Überblick über die nötigen Arbeitsschritte für den Beschnitt
räumlicher Prototypenbauteile bei Programmierung nach der Teach-In-Methode
(Bauer 1995).

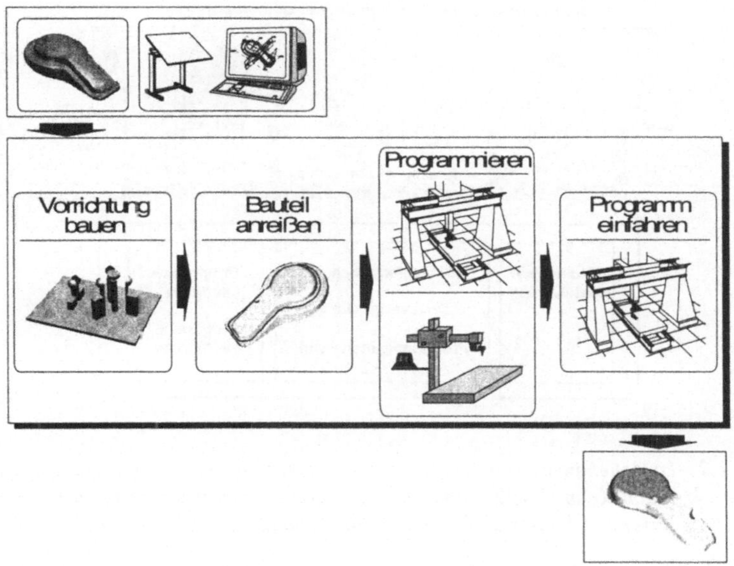

Bild 2.1: Arbeitsschritte bis zum Beschneiden von räumlichen Prototypenbauteilen

Zuerst entwirft der Konstrukteur mit einem CAD-System oder traditionell mit Hilfe
eines Zeichenbretts das zu fertigende Bauteil, das anschließend mit Hilfe von Pro-
totypenwerkzeugen tiefgezogen wird. Das unbeschnittene Rohteil und die Zeich-
nungen stehen dann zum Programmieren der Laseranlage zur Verfügung. Zunächst
wird dazu eine Spannvorrichtung für das Bauteil gefertigt und die Bearbeitungs-

kontur auf dem Rohteil angerissen. Mit Hilfe des angerissenen Bauteils werden daraufhin die Bewegungsprogramme geteacht. Abschließend werden die Programme an der Anlage eingefahren und dann die Bauteile in der erforderlichen Stückzahl geschnitten.

Ordnet man die einzelnen Arbeitsschritte in die technische Auftragsabwicklung ein, so berührt die Prozeßkette die Unternehmensbereiche Konstruktion mit der Modellierung der Bauteilgeometrie, die Arbeitsvorbereitung (Arbeitsplanung und Arbeitssteuerung) mit den zur Programmierung nötigen Arbeiten, sowie die Fertigung mit der Programmausführung (Bild 2.2).

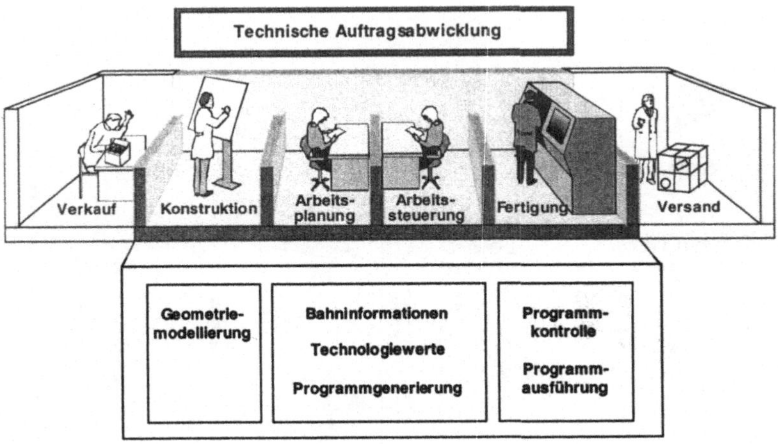

Bild 2.2: Unternehmensbereiche innerhalb der technischen Auftragsabwicklung (nach Koepfer 1991) und für die informationstechnische Integration der Laserstrahlmaterialbearbeitung zu betrachtende Arbeitsschritte

2.1.1 Konstruktion

In der Konstruktion werden die geometrischen Eigenschaften des zu fertigenden Bauteils festgelegt. Der Konstrukteur modelliert in der Regel die Geometrie des fertigen Bauteils, wie sie nach dem Beschneiden vorliegen soll, so daß die Bearbeitungskonturen für die Laserstrahlschneidbearbeitung mit den Begrenzungskurven des Geometriemodells übereinstimmen.

Als Werkzeuge kommen heute überwiegend CAD-Systeme zum Einsatz, während die Konstruktion am Zeichenbrett zunehmend an Bedeutung verliert. Mit der steigenden Leistungsfähigkeit der Rechnersysteme setzen sich darüber hinaus immer mehr 3D-CAD-Systeme durch, mit denen die Bauteile als räumliche Modelle konstruiert werden. Mittlerweile verfügen auch Personal-Computer über die für die 3D-Konstruktion nötigen schnellen Prozessoren und leistungsfähigen Grafiksysteme, so daß auch die Zahl der für PCs entwickelten bzw. angepaßten 3D-CAD-Systeme ständig zunimmt.

2.1.2 Arbeitsvorbereitung

In der Arbeitsvorbereitung sind zur Programmierung der Anlagen eine Reihe von Arbeiten durchzuführen. Zu den vorbereitenden Arbeitsschritten zählen die Fertigung der Aufspannvorrichtung, das Anreißen der Bearbeitungskonturen sowie, wenn mehrere Laseranlagen zur Verfügung stehen, die Auswahl der für die Fertigung zu nutzenden Bearbeitungsmaschine.

Die Aufspannung des Bauteils auf der Maschine erfolgt in der Praxis nach empirischen Gesichtspunkten, obwohl die Bauteillage maßgeblich die Zugänglichkeit und die resultierenden Anlagenbewegungen beeinflußt. Die zum Aufspannen verwendeten Vorrichtungen werden aus Kostengründen häufig als einfache Schweißkonstruktionen ausgeführt.

Das Anreißen der Bearbeitungskontur an einem tiefgezogenen Musterteil ist in der Regel sehr aufwendig und muß auf Grund der komplizierten 3D-Geometrien auf einer Meßmaschine erfolgen (Bild 2.3). Oft nimmt das Anreißen mehr Zeit in Anspruch als das eigentliche Teachen. So kann bei komplexen Bauteilen und Bearbeitungskonturen das Anreißen beispielsweise doppelt solange dauern wie das anschließende Programmieren der Anlagenbewegung *(Reinhart et al. 1994b)*.

Werden Bauteile mit mehreren Innenkonturen gefertigt, so muß der Planer oder Programmierer die Reihenfolge der Bearbeitung festlegen. Ebenso müssen die Anschnittstrategien und die Stellen am Bauteil, an denen angeschnitten werden soll, bestimmt werden. Mit diesen Informationen kann dann das Teachen der Anlagenbewegung erfolgen. Dazu fährt der Programmierer an der Laseranlage mit einem speziellen Teach-In-Taster *(Bakowsky & Schnee 1992)*, der an Stelle der Bearbei-

Bild 2.3: Anreißen der Beschnittkontur an einer Koordinaten-Anreiß- und Meßmaschine (Hadamik 1990)

tungsdüse an der Maschine angebracht wird, einzelne Punkte der Bearbeitungsbahn an und hinterlegt sie im Roboterprogramm (Bild 2.4). Die Ausrichtung des Laserstrahls erfolgt vorzugsweise normal zur Bauteiloberfläche.

Da das Teachen der Programme mit Hilfe eines tiefgezogenen und angerissenen Bauteils erfolgt, werden Kollisionsgefahren mit dem Tiefziehrand automatisch berücksichtigt, so daß eine fehlende Darstellung des Rohteils in den Konstruktionsdaten für die Programmierung nach der Teach-In-Methode keine Rolle spielt.

Anschließend sind die Technologiedaten, wie die Bearbeitungsgeschwindigkeit, die Leistung des Lasers, der Schneidgasdruck, die Fokuslage oder der Düsenabstand, zu bestimmen. In der Regel liegen in den Firmen Erfahrungswerte vor, die als Anhaltspunkte dienen, um für eine bestimmte Bearbeitungsaufgabe sinnvolle Einstellungen der Technologiedaten zu finden. Darüber hinaus kann auf Technologiedatenbanken zugegriffen werden, in denen die Ergebnisse systematischer Versuchsreihen hinterlegt sind. Dadurch ist es möglich, ohne teure Vorversuche die richtigen Parametersätze für die Bearbeitung zu ermitteln *(Hoffmann & Berners 1994, Garnich 1992)*. Ist ein gewünschter Werkstoff noch nicht im geforderten Parameterbereich in den

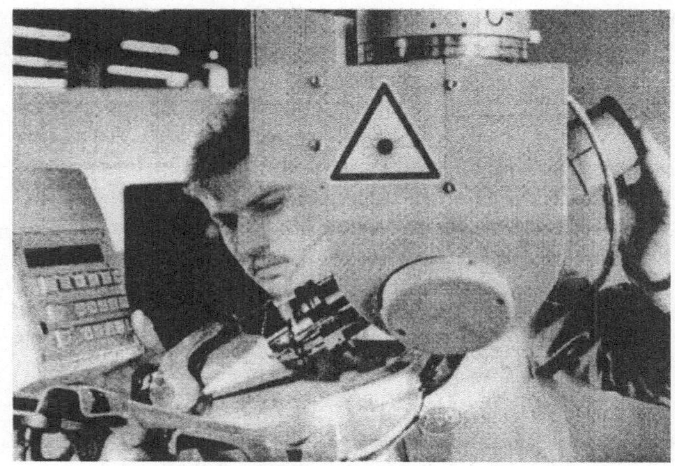

Bild 2.4: Teach-In an einem angerissenen Bauteil (Bakowsky & Schnee 1992)

Technologiedatenbanken hinterlegt, so können dennoch durch Interpolation oder Extrapolation vorhandener Versuchsergebnisse Parameterwerte berechnet werden. Durch den Einsatz von Fuzzy-Mechanismen kann auch unscharf formuliertes Wissen zur Bestimmung der Technologieparametersätze herangezogen werden *(Krause et al. 1997)*. Daneben gewinnt für die Optimierung des Fertigungsprozesses zunehmend die Prozeßsimulation auf Basis der Finite-Elemente-Methode an Bedeutung *(Beck 1996, Rick et al. 1995)*, deren Ziel neben einer frühzeitigen Bestimmung von Produktmerkmalen, wie beispielsweise der Eigenschaften lasergeschweißter Verbindungen, die Optimierung der Prozeßparameter und des Prozeßablaufes ist *(Bauer et al. 1997)*.

Eine genaue Anpassung und Optimierung der Technologiedaten erfolgt beim Einfahren der Programme, bei dem Probebauteile gefertigt werden, um die Schneidergebnisse bewerten zu können. Auf Grund der während des Einfahrens gewonnenen Erkenntnisse können die Bewegungen des Bearbeitungskopfes und die Prozeßparameter verfeinert und dadurch das Bearbeitungsergebnis verbessert werden. Fehlt beispielsweise eine automatische, geschwindigkeitsabhängige Laserleistungssteuerung, dann muß mit Hilfe des Anlagenprogramms die Laserleistung an eine vermin-

derte Bearbeitungsgeschwindigkeit, etwa in Bereichen mit stark gekrümmter Bahn-
kurve, aufwendig angepaßt werden. Diese Modifikationen am Maschinenprogramm
erfolgen so lange in einem iterativen Prozeß *(Olaineck 1992)*, bis das gewünschte
Bearbeitungsergebnis erreicht ist.

2.1.3 Fertigung

Das Einfahren der Programme bildet die Brücke von der Arbeitsvorbereitung zur
Fertigung. Nach Erstellung eines Programms und dessen Anpassung an die Anforderungen der Bearbeitungsaufgabe, kann es wiederholt abgearbeitet werden, so daß
auf Grund der guten Automatisierbarkeit der Laserstrahlmaterialbearbeitung im Gegensatz zu einer manuellen Fertigung auch kleine Serien wirtschaftlich gefertigt
werden können.

Als Randbedingung bei der Programmierung und anschließenden Fertigung sind die
steigenden Anforderungen an die Qualität der Bearbeitung zu beachten. In der
Fahrzeugindustrie dient das räumliche Laserstrahlschneiden der schnellen Fertigung
von Prototypenfahrzeugen, mit deren Hilfe die Funktionalität der späteren Serien-
fahrzeuge überprüft und optimiert wird. Denn trotz verbesserter rechnergestützter
Hilfsmittel zur Analyse neuer Konstruktionen und Fertigungsprozesse ist ein Pro-
totyp in der Regel noch unabdingbar, um hinreichende Informationen über die Eigenschaften des Produkts zu erhalten. Um aber vom Prototypen möglichst sichere
Rückschlüsse auf das Serienprodukt ziehen zu können, wird zunehmend gefordert,
daß die Qualität des Prototypen der Qualität des späteren Serienprodukts möglichst
nahe kommt.

Dabei ist der Spielraum für eine aufwendige, rein manuelle Optimierung der Bearbeitungsprogramme und der Fertigung bei Prototypenbauteilen begrenzt. Denn zum
einen kann der Aufwand, den die iterative Anpassung und Verbesserung der Programme verursacht, nur auf relativ wenige Bauteile umgesetzt werden, so daß dieser
im Vergleich zu einer Serienproduktion viel stärker ins Gewicht fällt. Zum anderen
aber steht oft nur eine begrenzte Stückzahl von Rohteilen zur Verfügung, wodurch
der Notwendigkeit, mit wenig Ausschußteilen die Bearbeitung zu optimieren, im
Prototypenbau eine stärkere Bedeutung zukommt.

2.2 Anlagen

Für die Fertigung der Bauteile wird eine Bearbeitungsanlage benötigt. Räumliche Laserstrahlbearbeitungsanlagen können in einzelne Komponenten strukturiert werden, die in unterschiedlichen Anlagen vergleichbare Funktionen erfüllen. Aus Sicht der Programmierung bietet sich eine Unterteilung der Anlagen gemäß Bild 2.5 an.

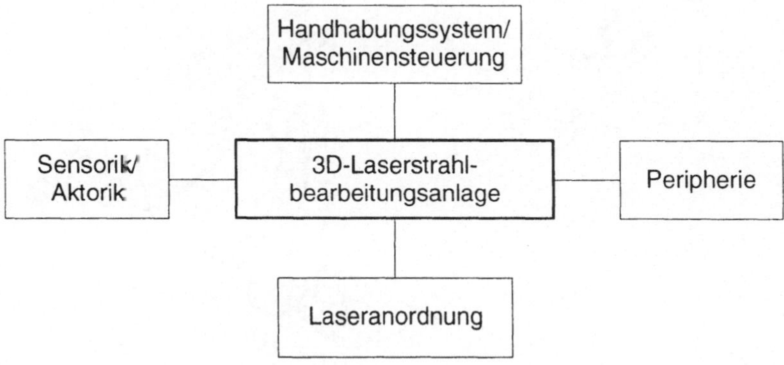

Bild 2.5: Gliederung einer 3D-Laserstrahlbearbeitungsanlage in einzelne Komponenten

Demnach besteht eine 3D-Laserstrahlbearbeitungsanlage aus dem Handhabungssystem mit dem Handhabungsgerät, das für die Relativbewegung zwischen Werkzeug und Werkstück sorgt, und der Maschinensteuerung, die eine geregelte Bewegungsführung der Maschine ermöglicht, sowie der Laseranordnung, die sich aus Lasergerät sowie Strahlführung und Strahlformung zusammensetzt. Ergänzt wird die Anlage durch periphere Komponenten, zu der beispielsweise Schutzvorrichtungen zählen, sowie durch Sensorik und Aktorik.

2.2.1 Handhabungsgeräte

In der Praxis werden in der räumlichen Laserstrahlmaterialbearbeitung vor allem zwei Typen von Handhabungsgeräten eingesetzt. Zum einen sind dies Portalroboter mit interner Strahlführung und zum anderen Knickarmroboter mit externer Strahlführung (Bild 2.6).

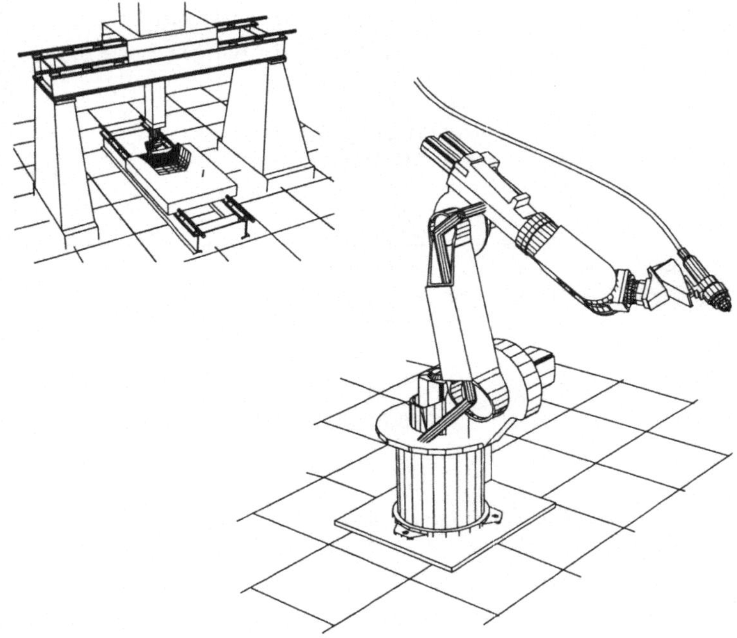

Bild 2.6: Portalanlage und Knickarmroboter für die Laserstrahlmaterialbearbeitung

Portalroboter verfügen über drei kartesische Grundachsen sowie über mindestens zwei rotatorische Handachsen im Bearbeitungskopf zur Orientierung des Laserstrahls. Sie zeichnen sich durch eine hohe Struktursteifigkeit aus und ermöglichen dadurch sehr hohe Genauigkeiten. Allerdings sind auch die Investionskosten für Portalroboter sehr hoch. Die zur 3D-Bearbeitung eingesetzten Knickarmroboter hingegen sind in der Regel Standardroboter mit sechs rotatorischen Achsen und werden im folgenden als Sechs-Achsen-Knickarmroboter bezeichnet. Sie erreichen derzeit die sehr hohen Genauigkeiten von Portalrobotern noch nicht, für sie sprechen vielmehr (*Benzinger & Göbel 1990, Milberg 1993*)

- ihre günstigen Investitionskosten,

- ihre leichte Austauschbarkeit,

- eine konstante oder nur gering variierende Strahllänge,

- die leichte Integrierbarkeit in bestehende Fertigungsanlagen

sowie

- die Möglichkeit, auf Grund ihrer offenen Struktur und ihrer hohen Bewegungsfreiheit den Laser an Stellen zu plazieren, die für Portalanlagen nicht zugänglich sind.

Roboter werden zunehmend für anspruchsvolle Handhabungsaufgaben mit höheren Anforderungen an die Absolut- und die Bahngenauigkeit eingesetzt. Beispiele hierfür sind neben der Laserstrahlmaterialbearbeitung *(Stratmann 1993)* das Wasserstrahlschneiden *(Roboter + Automation 1996a)* oder die Verwendung von Knickarmrobotern als flexible Meßgeräte. Es ist demnach zu erwarten, daß mit steigenden Ansprüchen der Kunden auch die Genauigkeit der Roboter zunimmt.

Einen Ansatz, wie die Genauigkeit von Robotern gesteigert werden kann, beschreibt beispielsweise *Lehmann (1993)*. Ein Roboter wird in seinen Positioniereigenschaften an das ideale Robotermodell eines Offline-Programmiersystems angepaßt, indem zum einen die Maschinenparameter der Steuerung, wie die Achsnullagen, Achslängen und TCP-Versätze, optimal identifiziert und neu berechnet und zum anderen die verbliebenen Fehler mit einer auf der Steuerung in Echtzeit laufenden Restfehlerkompensationssoftware korrigiert werden. Eine andere Möglichkeit stellt der Einbau von Direktantrieben in den Hauptachsen dar *(Pritschow & Schochlin-Tessmann 1994, Roboter + Automation 1996b)*. Durch den Einsatz von Direktantrieben können die heute bei Knickarmrobotern üblicherweise verwendeten Getriebe und somit auch deren negativer Einfluß auf die Genauigkeit entfallen.

2.2.2 Steuerung

Für die Bahnsteuerung der Anlagen kommen bei Portalanlagen und Industrierobotern unterschiedliche Steuerungssysteme zum Einsatz. Portalanlagen werden mit NC-Steuerungen betrieben, für die sich ein Programmformat nach *DIN 66025 (1987)* etabliert hat. Der Programmaufbau nach DIN 66025 führt dazu, daß sich Bearbeitungsprogramme von Laserportalen, insbesondere bei Bewegungsbefehlen, auch bei unterschiedlichen NC-Steuerungen in ihrer Syntax kaum unterscheiden.

Die Industrial Robot Language (IRL) wiederum, die in *DIN 66312 (1995)* definiert ist, gibt einen Standard für die Roboterprogrammierung vor. In der Praxis aber werden Industrieroboter in den jeweiligen herstellereigenen Programmiersprachen programmiert, die in der Regel zwar sehr mächtig sind, sich aber in ihrer Syntax stark voneinander differenzieren.

Ein weiterer Unterschied zwischen NC- und RC-Steuerungen findet sich in ihren Interpolationsmöglichkeiten bei Bahnbewegungen. Heute eingesetzte Laserportalanlagen mit NC-Steuerungen beherrschen Linear, Kreis- und Splineinterpolationen, wobei die Kreisinterpolation in der Praxis nur für Konturverläufe in Ebenen eingesetzt wird, wohingegen Kreisabschnitte auf räumlichen Bearbeitungsbahnen durch Splines angenähert werden. Robotersteuerungen wiederum verfügen in der Regel nur über die Möglichkeit zur Linear- und Kreisinterpolation. Steuerungen mit zusätzlicher Splineinterpolation sind zwar auch für Roboter bereits verfügbar *(Bechtloff & Boysen 1994, Bauer 1996)*, diese Funktionalität ist aber noch kein allgemeiner Standard bei Sechs-Achsen-Industrierobotern.

2.2.3 Laseranordnung

Die Laseranordnung setzt sich nach *EN ISO 11145 (1994)* aus den Komponenten Lasergerät, Strahlführung und Strahlformung zusammen (Bild 2.7).

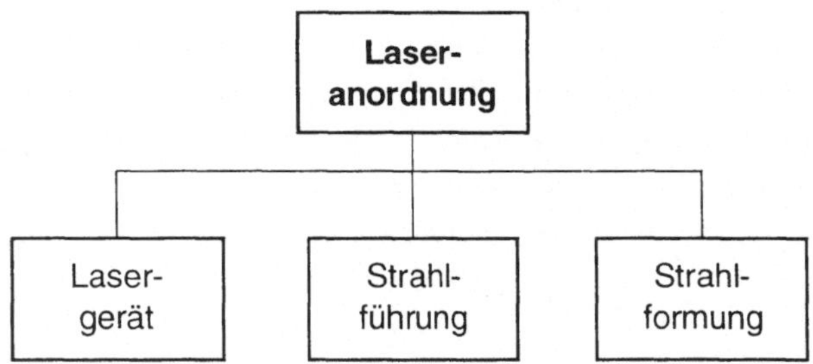

Bild 2.7: Komponenten eines Lasersystems

Als Strahlquellen werden beim Laserstrahlschweißen und -schneiden auf Grund ihrer hohen Ausgangsleistungen überwiegend CO_2- und Nd:YAG-Lasergeräte eingesetzt.

Beim CO_2-Laser besteht das aktive Medium aus einem Gasgemisch aus Helium, Stickstoff und Kohlendioxid. Seine Vorteile gegenüber dem Nd:YAG-Laser liegen vor allem in den höheren möglichen Leistungen und Strahlqualitäten und im besseren Wirkungsgrad. Die Wellenlänge des CO_2-Lasers beträgt 10,6 μm. Aufgrund dieser Wellenlänge muß die Strahlführung bei hohen Leistungen über Umlenkspiegel erfolgen. Für die Strahlführung stehen interne und externe Strahlführungssysteme zur Verfügung. Interne Strahlführungssysteme findet man bei Portalanlagen. Bei Sechs-Achsen-Knickarmrobotern hingegen werden zur Führung des CO_2-Laserstrahls externe Spiegelsysteme in Teleskop- oder Knickarmausführung *(Rippl 1995)* eingesetzt.

Beim Nd:YAG-Festkörperlaser sind die eigentlich laseraktiven Nd^{3+}-Ionen einem Festkörpermaterial als Dotierung beigegeben. Die Anregung zur Emission von Laserstrahlung der Wellenlänge 1064 nm erfolgt in der Regel über Lampen. Der Nd:YAG-Laser verfügt über einen wesentlich geringeren Gesamtwirkungsgrad als der CO_2-Laser. Verbesserungen des Wirkungsgrades erhofft man sich durch diodengepumpte Nd:YAG-Laser, bei denen Wirkungsgrade vergleichbar denen von CO_2-Lasern erwartet werden (etwa 12% statt 3%, *Hügel 1997)*. Sie sind jedoch derzeit neben den direkten Diodenlasern noch überwiegend Gegenstand von Forschung und Entwicklung *(Herziger & Loosen 1995, Giesen & Opower 1996, Behler et al.1997)*. Für den Nd:YAG-Laser spricht, daß auf Grund seiner kürzeren Wellenlänge der Laserstrahl über Lichtwellenleiter geführt werden kann. Gerade bei der Kombination Laser und Sechs-Achsen-Knickarmroboter bietet der Lichtwellenleiter gegenüber der externen Strahlführung über Spiegel große Vorteile, da wegen der hohen Beweglichkeit der Quarzglasfasern der Arbeitsraum des Roboters weitaus geringer eingeschränkt wird. Neben dem günstigeren Einkoppelverhalten auf Grund seiner kürzeren Wellenlänge und Vorteilen in der Prozeßsicherheit beim Schweißen von Aluminium *(Dausinger & Hügel 1995)* stellt die flexible Strahlführung mittels Faser daher einen wichtigen Grund dar, daß sich der Nd:YAG-Laser trotz des geringeren Wirkungsgrades (3%, s. o.) als Alternative zum CO_2-Laser etabliert hat.

Die für die Bearbeitung nötige Fokussierung des Laserstrahls erfolgt im Bearbeitungskopf, wo zur Strahlformung Spiegel und Linsen eingesetzt werden. Abhängig vom Bearbeitungsverfahren sind die Bearbeitungsköpfe unterschiedlich gestaltet. Beim Laserstrahlschweißen wird der Bearbeitungskopf oft durch zusätzliche Komponenten, wie etwa Sensoren zur Nahtführung, Andruckfinger und -rollen *(Hornig 1995)* oder Gas- und Zusatzdrahtzuführungen ergänzt, so daß man ein gerichtetes

Werkzeug erhält. Beim Laserstrahlschneiden hingegen werden in der Regel rotationssymmetrische Bearbeitungsdüsen verwendet.

2.2.4 Sensorik/Aktorik

In modernen Fertigungsanlagen werden Sensorsysteme zur Steuerung, Regelung und Überwachung von Produktionsprozessen genutzt *(Griebsch et al. 1996)*.

Für die Laserstrahlmaterialbearbeitung stehen unterschiedliche Sensorsysteme zur Verfügung, wie beispielsweise Systeme zur Prozeßkontrolle, die vor allem für das Laserstrahlschweißen zunehmend an Bedeutung gewinnen. Sensorsysteme zur Prozeßüberwachung können auf verschiedene Prinzipien aufbauen. Dazu zählen die Messung der Eindringtiefe der Dampfkapillare über die Detektion der aus der Dampfkapillare zurückreflektierten Laserleistung *(Müller et al. 1996)* oder die Diagnose des laserinduzierten Plasmas, deren Aussagekraft durch flankierende Meßmethoden, wie eine Schmelzbadüberwachung *(Jurca 1993, Wiesemann et al. 1995)* erhöht werden kann

Neben den Systemen zur Prozeßüberwachung sind sogenannte adaptive Optiken *(Bea et al. 1993, Haferkamp et al. 1993, Geiger et al. 1994)* und Nahtfolgesensoren verfügbar. Adaptive Optiken werden in der räumlichen Laserstrahlbearbeitung bei Portalanlagen eingesetzt und basieren überwiegend auf verformbaren Spiegeln, mit deren Hilfe der fokussierte Strahldurchmesser und die Lage des Fokus variiert werden können. Nahtfolgesensoren hingegen können online eine Kante, die zwei Bleche bilden, erfassen und die Bewegung der Führungskinematik so modifizieren, daß der Laserstrahl immer exakt an der richtigen Bearbeitungsstelle liegt *(Trunzer 1996, Pischetsrieder 1997)*.

Während die oben aufgeführten Sensoren erst vereinzelt in der räumlichen Laserstrahlbearbeitung zur Anwendung kommen, sind Sensorsysteme zur Regelung des Düsenabstands Standard beim 3D-Laserstrahlschneiden und werden bei Portalanlagen wie auch bei Anlagen mit Sechs-Achsen-Knickarmrobotern *(Mann et al. 1992)* eingesetzt. Die Abstandsregelung wird benötigt, da Düsenabstand und Fokuslage beim Laserstrahlschneiden kritische Bearbeitungsparameter sind, die die Qualität des Schneidergebnisses stark beeinflussen. Auf Grund des Tiefziehens sind aber innerhalb eines Bauteilloses verfahrensbedingt Abweichungen in der Geometrie der Bauteile möglich. Ebenso können beim Teachen der Programme Ungenauigkeiten auftreten, die zu Schwankungen des Abstands zwischen Düse und Bauteil führen.

Um den Düsenabstand und die Fokuslage konstant zu halten muß daher ständig der Abstand der Bearbeitungsdüse von der Bauteiloberfläche erfaßt und angepaßt werden.

Für diese Aufgabe eignen sich besonders kapazitive Abstandssensoren *(Biermann 1992)*, die in der Praxis überwiegend zum Einsatz kommen. Bei ihnen bilden die Düsenspitze und das Werkstück eine Kapazität, deren Wert sich mit dem Abstand der Düsenelektrode zur Bauteiloberfläche ändert. Daher wird mit Hilfe einer Regelelektronik die Kapazität als Maß für den Istabstand laufend erfaßt und ausgewertet, so daß etwaige Abweichungen vom Sollwert sofort korrigiert werden können.

Die Korrektur des Abstands kann entweder über die Achsen des Handhabungsgerätes oder über eine Zusatzachse erfolgen. Bei einer Abstandsregelung über die Achsen des Handhabungsgerätes sind jedoch teilweise Achsbewegungen entgegen der programmierten Bahnbewegungen nötig, so daß bei diesem Ansatz bei Robotern dynamische Probleme auftreten können. Diese Probleme zeigen sich nicht, wenn der Abstand über eine schnelle Zusatzachse geregelt wird, die unabhängig vom Roboter die Werkstücktoleranzen ausgleicht *(Wiepking 1991)*.

2.3 Randbedingungen für die Programmierung und Bearbeitung

2.3.1 Einflußgrößen auf die Bearbeitung

Der Laserstrahlschneidprozeß wird von verschiedenen Einflußgrößen bestimmt. Diese können unterschieden werden in Anlagenparameter, Prozeßeinstellparameter sowie Werkstück- und Werkstoffparameter *(Krismann 1994*, Bild 2.8). Die Anlagenparameter sind durch den Typ und die Bauweise der Anlage festgelegt und in der Regel nicht veränderbar, wohingegen die Prozeßeinstellparameter in bestimmten Grenzen variierbar sind, so daß sich mit ihnen die Prozeßbedingungen festlegen lassen.

Sechs-Achsen-Knickarmroboter und Portalroboter unterscheiden sich in ihrer kinematischen Struktur, die differierende Bewegungen der Anlage nach sich ziehen. Dies hat zur Folge, daß für die unterschiedlichen Kinematikkonzepte angepaßte Bearbeitungsstrategien erforderlich sind. Darüber hinaus sind neben den Handhabungsgeräten selbst auch einzelne Komponenten der Anlage gesondert zu berücksichtigen. So erlaubt eine Laserstrahlschneidanlage mit rotationssymmetrischem

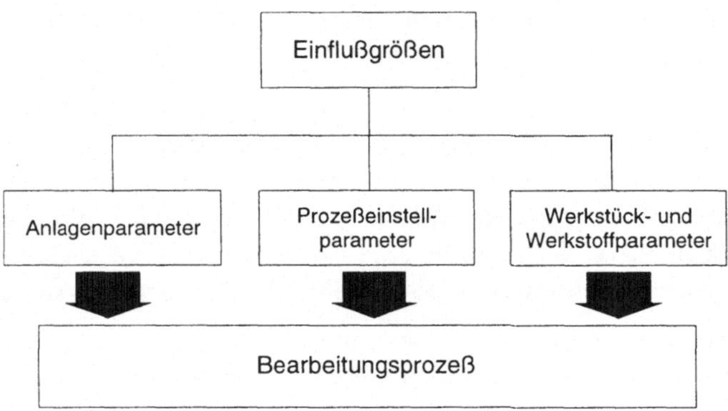

Bild 2.8: Einflußgrößen auf den Bearbeitungsprozeß

Werkzeug eine andere Programmierung als eine Bearbeitungsanlage mit asymmetrischem Werkzeug. Ebenso vergrößern sich die Freiheiten zur Programmgestaltung, wenn eine Abstandssensorik mit Zusatzachse zur Verfügung steht, da mit dieser unabhängig von der Führungskinematik Ausgleichsbewegungen durchgeführt werden können.

Das Bearbeitungsergebnis wird weitgehend durch die gewählten Prozeßparameter bestimmt *(Kallies 1995)*. Zu den wichtigsten Prozeßparametern beim Laserstrahlschneiden zählen unter anderem

- das Prozeßgas,

- der Gasdruck des Schneidgases

- der Düsenabstand,

- die Fokuslage

- der Fokusdurchmesser,

- die Brennweite,

- die Laserleistung,

- die Pulsfrequenz,

- die Schnittgeschwindigkeit sowie

- die Ausrichtung des Laserstrahls auf die Bauteiloberfläche.

Prozeßparameter können in der Regel leicht variiert werden. Abhängig von der Ausführung der Anlage ist es darüber hinaus möglich, einzelne Prozeßparameter, wie beispielsweise die Laserleistung oder die Ausrichtung des Laserstrahls, auch während der Fertigung über das Maschinenprogramm an die Anforderungen der Bearbeitung anzupassen.

Die Werkstück- und Werkstoffparameter, wie beispielsweise Material und Dicke, haben wiederum Einfluß auf die Wahl der Prozeßparameter und die Geometrie des Werkstücks bestimmt maßgeblich die erforderlichen Bearbeitungsstrategien

2.3.2 Restriktionen und Freiräume

Die Maschinen unterliegen Restriktionen, die bei der Bearbeitung, und somit bei der Programmierung, zu berücksichtigen sind. Dies zeigen bereits geometrische Betrachtungen. Bauteile können nicht vollständig bearbeitet werden, wenn als Folge ihrer Aufspannung einzelne Bearbeitungspunkte außerhalb der Reichweite des Handhabungsgerätes liegen, und eine ideal senkrechte Ausrichtung des Laserstrahls auf die Bauteiloberfläche ist nicht möglich, wenn dies zu Kollisionen führt.

Darüber hinaus begrenzt das eingeschränkte Beschleunigungs- und Geschwindigkeitsvermögen der Anlagenantriebe die Bearbeitungsgeschwindigkeit bei starken Umorientierungen. Dies führt beispielsweise bei Portalrobotern an kritischen Konturbereichen wie Spitzen und engen Radien, bei denen die Rotationsachsen schnell verfahren, zu einer Reduzierung der programmierten Bahngeschwindigkeit, da die Linearachsen bei der Ausgleichsbewegung auf ihren maximalen Geschwindigkeitswert begrenzt sind *(Reinhold & Gossen 1991)*. Dies gilt ebenso für Knickarmroboter, wenn auf Grund starker Umorientierungen des Bearbeitungskopfes große Ausgleichsbewegungen der Achsen gefordert sind.

Andererseits werden durch die Prozeß- und Anlagenparameter auch Freiräume geschaffen (Bild 2.9), die neben einer fertigungsgerechten Konstruktion gezielt genutzt werden können, um die aufgeführten Restriktionen zu mildern oder gar aufzuheben.

Freiräume eröffnen sich bei einem Sechs-Achsen-Industrieroboter durch den Einsatz eines rotationssymmetrischen Werkzeugs, da die sechs Achsen des Handha-

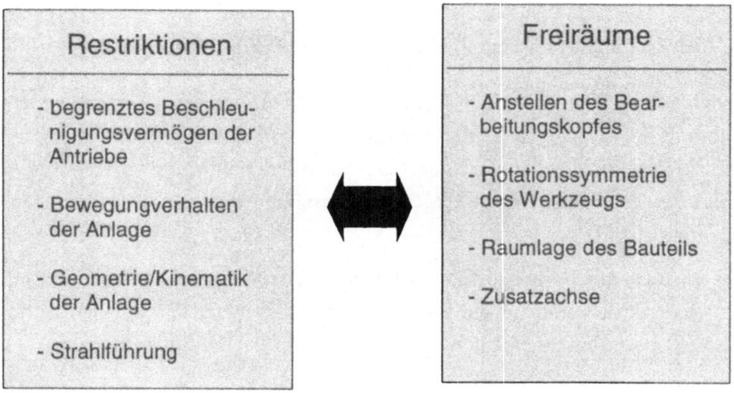

Bild 2.9: Restriktionen und Freiräume bei der Bearbeitung

bungsgeräts bei konstanter Orientierung des Laserstrahl eine Drehung des Werkzeugs um dessen Rotationsachse erlauben. Diese Freiheit kann bei der Generierung der Bearbeitungsprogramme dazu genutzt werden, einen ruhigen Bewegungsablauf der Kinematik zu erzielen. Eine günstige Plazierung des Werkstücks relativ zur Anlage wiederum erhöht seine Zugänglichkeit. Zudem beeinflußt die Werkstücklage, insbesondere bei Anlagen mit Sechs-Achsen-Knickarmrobotern, deutlich das Bewegungsverhalten des Handhabungsgeräts. Weitere Freiräume für die Programmierung eröffnen sich darüber hinaus durch die Möglichkeit, die Orientierung des Bearbeitungskopfes relativ zur idealen senkrechten Ausrichtung in vom Prozeßfenster vorgegebenen Grenzen variieren zu können.

2.3.3 Bearbeitungsstrategien

Eine Maßnahme zum Ausgleich der Restriktionen besteht darin, gezielt Bearbeitungsstrategien anzuwenden, um zur Verfügung stehende Freiräume zu nutzen. Bearbeitungsstrategien sind beim Anschneiden geschlossener Konturen und an kritischen Stellen des Bearbeitungspfades notwendig. Im folgenden werden für verschiedene Problemstellungen mögliche Bearbeitungsstrategien aufgezeigt.

2.3.3.1 Anschnitt

Der Anschnitt sollte so erfolgen, daß möglichst keine Beeinträchtigung des fertigen Bauteils entsteht. Wenn beispielsweise bei geschlossenen Konturen nur das Außen- oder Innenteil als Gutteil geschnitten wird, sollte eine Anschnittfahne in das Abfallteil gelegt werden. Abhängig vom Verlauf und der Art der Kontur, ob eine Innen- oder Außenkontur bearbeitet wird, bieten sich verschiedene Anschnittstrategien an. Mögliche Anfahrtstrategien für das 2D-Laserstrahlschneiden (Bild 2.10), die auch auf die 3D-Bearbeitung übertragen werden können, zeigt *Hoffmann (1992)* auf.

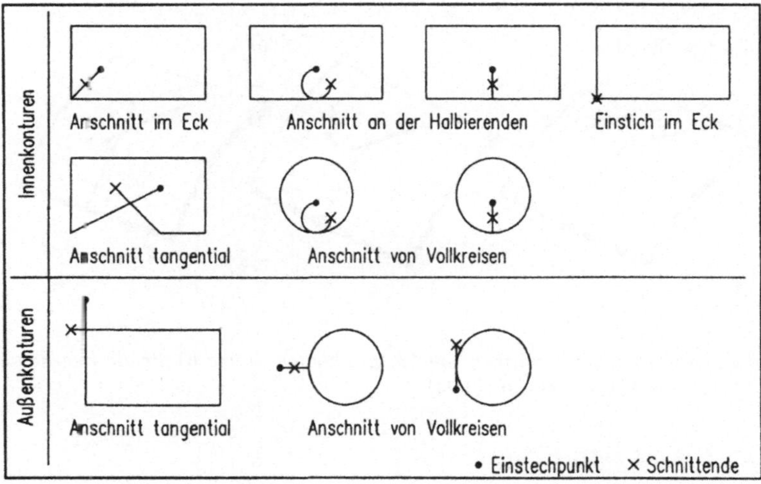

Bild 2.10: Anfahrtstrategien bei Außen- und Innenteilen (Hoffmann 1992)

2.3.3.2 Bearbeitung von Ecken

Ecken im Konturverlauf sind problematisch zu bearbeiten. Werden Ecken ohne Anwendung spezieller Bahnplanungsstrategien gefertigt, bedeutet dies, daß die Maschine die Eckkontur exakt abfahren muß. Dies hat jedoch zur Folge, daß sich die

Geschwindigkeit bis zum Stillstand im Eckpunkt reduziert. Ein Einhalten der optimalen Bearbeitungsparameter ist unter diesen Randbedingungen nicht möglich und darüber hinaus werden sehr hohe Anforderungen an das Bewegungsverhalten des Handhabungsgerätes gestellt.

Abhilfe kann hier die Programmierung von Außenschleifen schaffen (Bild 2.11). Sie ermöglichen die Fertigung von Ecken mit kontinuierlicher Kopfbewegung und ohne die Notwendigkeit, die Maschine bis zum Stillstand abzubremsen. Handelt es sich bei beiden Schnitthälften um Gutteile oder ist eine konkave Kontur zu bearbeiten, so muß bei Verwendung von Außenschleifen der Laser entsprechend dem geforderten Konturverlauf richtig aus- bzw. wieder eingeschalten werden.

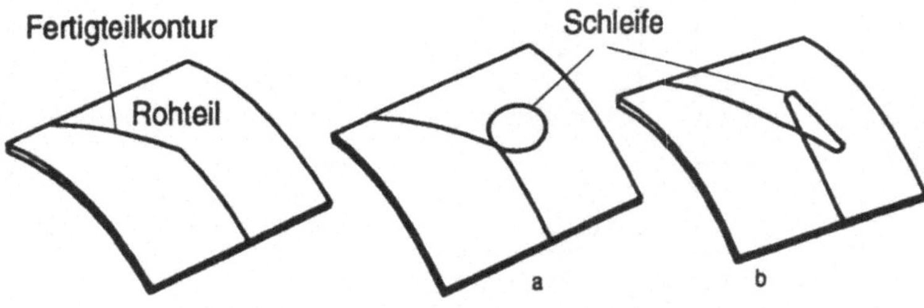

Bild 2.11: Verschiedene Formen von Außenschleifen (a und b) für die Bearbeitung von Ecken (Schwarz 1994)

2.3.3.3 Anstellen des Bearbeitungskopfes an kritischen Konturelementen

Randbedingungen erfordern mitunter das Verlassen der idealen, senkrechten Ausrichtung des Bearbeitungskopfes. Die Bearbeitungsdüse kann in bzw. gegen die Schneidrichtung sowie senkrecht dazu (lateral) angestellt werden. Bei einem Anstellen des Laserstrahls in Schneidrichtung spricht man analog zur *DIN 1910 Teil 12 (1980)* von stechendem Schneiden, entgegengesetzt der Schneidrichtung von schleppendem Schneiden (Bild 2.12).

Das Anstellen des Bearbeitungskopfes bietet sich zur Lösung unterschiedlicher Problemstellungen an. Zum einen können Kollisionen zwischen der Anlage und dem

Bauteil vermieden werden und zum anderen verbessert ein rechtzeitiges Anstellen des Bearbeitungskopfes das Bewegungsverhalten des Handhabungsgeräts.

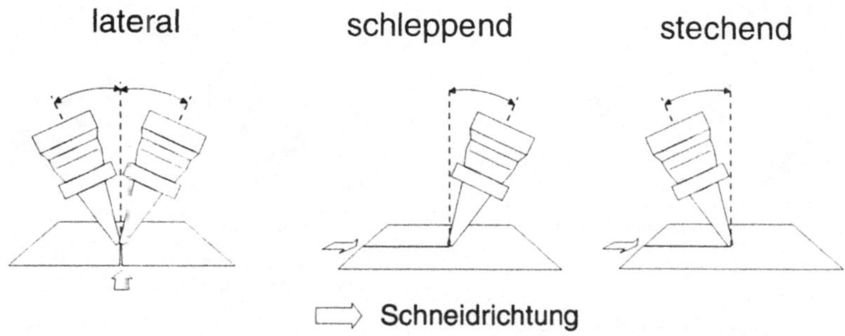

Bild 2.12: Möglichkeiten zum Anstellen des Bearbeitungskopfes

Wie bereits im Abschnitt 2.3.2 beschrieben, stellen starke Orientierungsänderungen des Bearbeitungskopfes auf kurzen Bahnsegmenten, wie dies beim Schneiden enger Radien in Bewegungsrichtung der Fall ist, hohe Anforderungen an das Beschleunigungsvermögen der Achsantriebe. Zum Einhalten einer konstanten Bearbeitungsgeschwindigkeit sind oft Beschleunigungen der Antriebe nötig, die diese nicht mehr leisten können. Dies hat zur Folge, daß es an diesen Konturelementen zu Einbrüchen der Bearbeitungsgeschwindigkeit kommt.

Da aber sowohl für eine wirtschaftliche Bearbeitung eine möglichst hohe durchschnittliche Bearbeitungsgeschwindigkeit gefordert ist, als auch ein unbestimmter Einbruch der Werkzeuggeschwindigkeit die optimale Auslegung der Prozeßparameter erschwert, muß hier eine Bearbeitungsstrategie angewandt werden, die die starken Umorientierungen auf kurzen Bahnsegmenten verringert. Dies kann erreicht werden, indem der Bearbeitungskopf bereits vor dem kritischen Konturelement angestellt wird und die Rückführung auf die ideal senkrechte Ausrichtung über das kritische Konturelement hinaus erfolgt.

Ist etwa ein konvexes Winkelelement mit einer Orientierungsänderung von 90° zu bearbeiten, wie in Bild 2.13 dargestellt, so bedeutet dies bei senkrechter Orientierung des Bearbeitungskopfes und einem Radius r=5mm, daß der Kopf auf einer Weglänge von ca. 7,85 mm um 90° umorientiert werden muß.

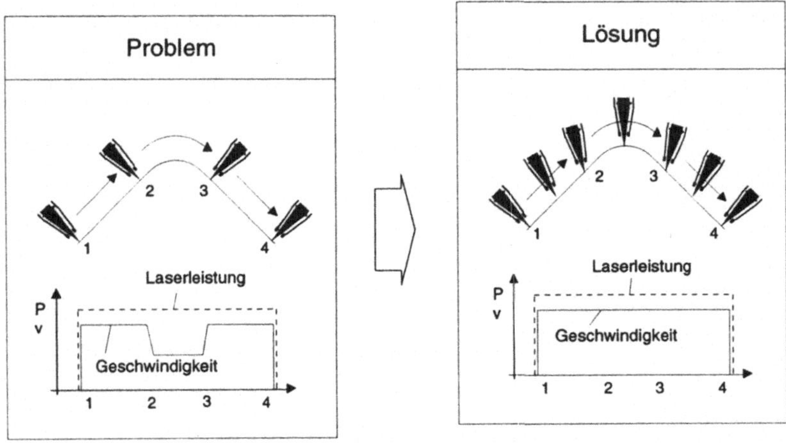

Bild 2.13: Anstellen des Bearbeitungskopfes an kritischen Konturelementen

Wird der Bearbeitungskopf aber vor dem Radius bereits auf 30° schleppend angestellt und die Orientierungsänderung auf dem Radius darauf beschränkt, daß am
Ende des Radius der Kopf auf 30° stechend schneidet, so reduziert sich die auf dem
Radius durchzuführende Orientierungsänderung auf nur mehr 30°. Entsprechend
geringer fallen die Anforderungen an die Antriebe aus, so daß ein bedeutend kleine-
rer oder überhaupt kein Einbruch der Bearbeitungsgeschwindigkeit zu verzeichnen
ist.

2.3.3.4 Einsatz von Sensorik/Aktorik bei der Bearbeitung von Sicken

In der Blechbearbeitung werden oft Sicken verwendet, um beispielsweise Werkstücke zu versteifen oder den Ablauf von Lack zu verbessern. Die Sickenkonturen
führen in der Regel nur zu einer geringen Änderung des Bahnverlaufs, können aber
bei ideal senkrechter Ausrichtung des Laserstrahls auf die Bauteiloberfläche starke
Orientierungswechsel des Bearbeitungskopfes verursachen. Geringe Abweichungen
im Bahnverlaufs können jedoch von der beim 3D-Laserstrahlschneiden üblicherweise eingesetzten Abstandsregelung (vgl. Abschnitt 2.2.4) ausgeglichen werden.

Sicken werden daher in der Praxis nicht exakt programmiert, vielmehr wird die nötige Bewegungskorrektur der Abstandsregelung überlassen (Bild 2.14).

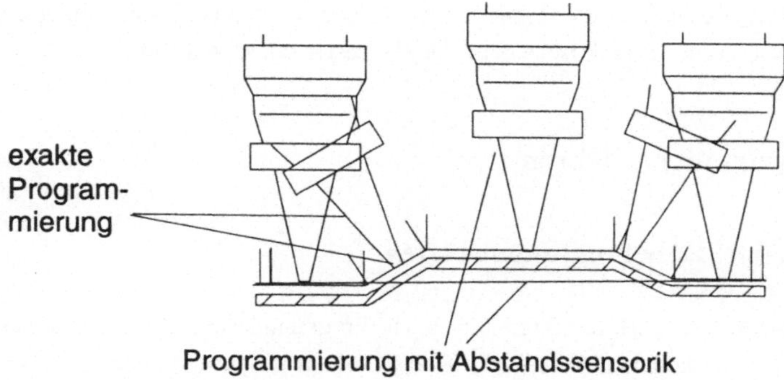

Bild 2.14: Programmierung von Sicken unter Verwendung von Abstandssensorik

Dadurch verringert sich beim Teachen der Programmieraufwand. Vor allem aber läßt sich, wenn es die Prozeßbedingungen zulassen, die Orientierung des Kopfes nahezu konstant halten und so ein ruhiger Bewegungsablauf des Bearbeitungskopfes sicherstellen.

2.3.3.5 Grenzen und Anforderungen der Bearbeitungsstrategien

Bearbeitungsstrategien helfen, vorhandene Freiräume zu nutzen, um die Bearbeitung an kritischen Konturelementen zu optimieren. Doch auch den Bearbeitungsstrategien sind Grenzen gesetzt. So können sie nur bei entsprechender Zugänglichkeit, beispielsweise wenn ausreichend Raum für eine Außenschleife vorhanden ist, in der aus Sicht des Fertigungsprozesses optimalen Form angewandt werden. Und auch das Anstellen des Bearbeitungskopfes ist prozeßbedingt nur in einem vorgegebenen Rahmen möglich, der von weiteren Parametern, wie dem zu schneidenden Material, abhängig ist.

Darüber hinaus muß der Programmierer, um die Bearbeitungsstrategien sinnvoll anwenden zu können, in der Lage sein, kritische Konturelemente zu erkennen und ihnen die entsprechenden Strategien zuzuordnen. Da hohe Anforderungen an das prozeßtechnische Verständnis des Programmierers und an die Kenntnis des Maschinenverhaltens an kritischen Konturelementen gestellt werden, kann beim Teach-In nur ein erfahrener Anlagenprogrammierer eine konsequente Umsetzung der Strategien erreichen. Deshalb ist die Rechnerunterstützung bei der Programmierung ein wichtiger Beitrag für die praktische Nutzung des Laserstrahlschneidens.

2.4 Programmierverfahren

2.4.1 Übersicht der Programmierarten

Verschiedene Programmierverfahren können zur Programmierung von 3D-Laseranlagen zum Einsatz kommen (Bild 2.15). Derzeit erfolgt die Programmierung über-

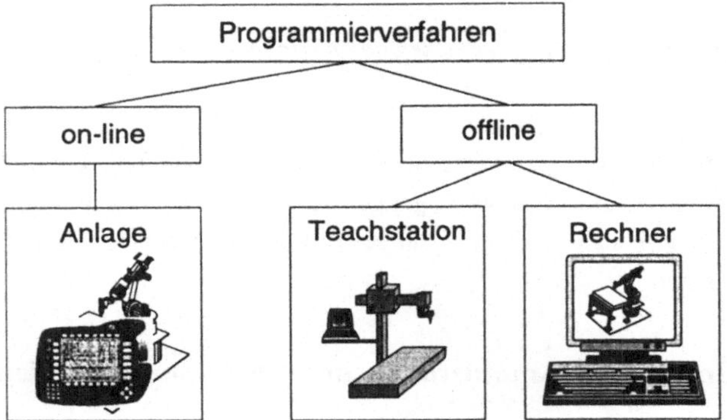

Bild 2.15: Möglichkeiten zur Programmierung von Laseranlagen

wiegend on-line durch Teachen der Programme an der Anlage *(Backes 1997a)*. Die dazu durchzuführenden Arbeitsschritte wurden bereits im Abschnitt 2.1.2 beschrieben. Kennzeichnend für dieses Programmierverfahren ist, daß die Anlagen während der Programmgenerierung nicht fertigen können und daher ihre mögliche produktive Auslastung mit zunehmendem Programmieraufwand sinkt. Auf Grund der hohen Investitionskosten kommt aber bei räumlichen Laserbearbeitungsanlagen einer möglichst hohen produktiven Auslastung eine besondere Bedeutung zu. Ziel muß daher sein, Produktivitätsverluste durch das Programmieren und Einfahren der Programme zu verringern.

Dies kann geschehen, indem die Programmierung weg von der Anlage in das Fertigungsvorfeld verlagert wird und somit offline erfolgt. So lohnt sich wegen der hohen Maschinenstundensätze von 3D-Laseranlagen oft der Einsatz von Teach-Stationen. Teach-Stationen können beispielsweise Zwillingsstationen sein, bei der das gleiche Handhabungsgerät zur Programmierung verwendet wird, das auch in der Laseranlage zum Einsatz kommt. Eine weitere Verbreitung als Teach-Station aber haben spezielle Koordinatenmeßmaschinen mit nachgebildeten Bearbeitungskopf *(Bakowsky & Schnee 1992)* erlangt, mit denen Programme für Portalanlagen erstellt werden können.

Auf der Teach-Station wird, wie auf der realen Anlage, Punkt für Punkt der angerissenen Bearbeitungskontur angefahren und im Anlagenprogramm hinterlegt. Da aber das Teachen der Programme nun nicht mehr auf der Anlage erfolgt, kann diese während der Programmierung weiter fertigen, so daß durch den Einsatz einer Teach-Station die Anlagenproduktivität steigt. Doch auch bei diesem Programmierverfahren bleiben Nachteile bestehen. So können fertigungs- und montagebedingte Abweichungen zwischen der Kinematik der Teach-Station und der Bearbeitungsstation ein aufwendiges Nachteachen der an der Teach-Station erstellten Programme erfordern. Darüber hinaus wird weiterhin ein komplett angerissenes Bauteil benötigt. Abhilfe kann hier die rechnergestützte Programmierung der Anlagen schaffen.

2.4.2 CAD/CAM-Lösungen

Die rechnergestützte Programmierung von spanenden NC-Maschinen hat sich in der Praxis fest etabliert. Dies verdeutlicht die Vielzahl der angebotenen CAM-Systeme, die entsprechende Marktübersichten wiedergeben *(Furrer 1997)*. Zur Verfügung stehen kombinierte oder vollständig in ein CAD-System integrierte CAD/CAM-Lösungen ebenso wie autonome CAM-Systeme. Bei den CAM/NC-Lösungen wird zuerst maschinenunabhängig die Bearbeitung festgelegt und in einer neutralen CLDATA-Datei *(DIN 66215 1974)* hinterlegt, bevor anschließend mit Hilfe eines Postprozessorlaufs die neutralen Bearbeitungsinformationen in ein an die jeweilige Maschine und Steuerung angepaßtes Maschinenprogramm umgesetzt werden.

Roboter hingegen werden in der Regel mit speziellen Robotersimulationssystemen programmiert *(Weisel 1996, Woenckhaus et al. 1994)*. Es gibt jedoch auch in CAD-Systeme integrierte Roboterprogrammiermodule *(Jurkevich et al. 1995)*. Robotersimulationssysteme besitzen im allgemeinen zahlreiche Programmbausteine und können so die Anforderungen verschiedener Einsatzfelder abdecken *(Owens 1996)*.

Zu ihnen zählt beispielsweise die Simulation und Programmierung von Punkt-schweißrobotern *(Schlösser 1992)*, einer Aufgabe, die in der Fahrzeugindustrie oft zu erfüllen ist. Beim Punktschweißen stehen neben der Programmierung der Kine-matikbewegung vor allem die Verkettung mehrerer, gleichzeitig an einem Fahrzeug arbeitender Roboter in komplexen Punktschweißstationen im Vordergrund.

Ebenso wie Punktschweißroboter werden auch konventionelle Bahnschweißroboter bereits offline programmiert *(Kroth 1992, Wüstenberg et al. 1994, Herkommer et al. 1991)*. Spezielle Module wurden hier beispielsweise für die Offline-Programm-mierung von Schweißrobotern im Handelsschiffbau erstellt *(Duelen et al. 1991, Spur & Zander 1994, Hollenberg 1995)*. Für die Technologieanpassung stehen Technologiedatenbanken oder wissensbasierte Systeme *(Bernhardt et al. 1992)* zur Verfügung, die teilweise direkt in die Programmiersysteme integriert sind.

Einige Simulationssysteme verfügen über weitere Funktionen, die die Programmie-rung oder Planung von Anlagen erleichtern. Ein Beispiel hierfür ist die Möglichkeit zur Standortoptimierung des Roboters *(Kukareko et al. 1995)* oder die Unterstüt-zung des Anlagenplaners beim Entwurf neuer Fertigungszellen durch die Optimie-rung kompletter Zellenlayouts *(Woenckhaus 1994)*.

In der Laserstrahlmaterialbearbeitung werden 2D-Laserstrahlschneidanlagen heute bereits überwiegend offline programmiert. Dazu wurden zahlreiche leistungsfähige Systeme entwickelt *(Kolléra 1991, König 1991, Tönshoff et al. 1995, Kader 1996)*, die eine Vielzahl von Funktionen für die ebene Bearbeitung, wie beispielsweise Funktionen zur Teile-Schachtelung, bereitstellen. 2D-Programmiersysteme eignen sich jedoch nicht für die Programmierung von dreidimensionalen Bearbeitungsauf-gaben.

Für 3D-Laseranlagen sind erst wenige Programmiersysteme entwickelt und umge-setzt worden. *Rudlaff (1995)* nennt die Möglichkeit, Aufgaben der Programmierung durch den Einsatz eines 3D-CAD-Systems mit Fräsbearbeitungsmodul zu lösen, indem der Laser wie ein Fräswerkzeug betrachtet wird. Ein in ein CAD-System in-tegriertes Programmiermodul für die Offline-Programmierung von 5-Achs-Laserportalen wird in *Fertigung (1993)* beschrieben. Das System verfügt über eine integrierte Kollisionserkennung und die Möglichkeit zur Beeinflussung der Laser-führung und kann zudem zum Schneiden ebener Schablonen eingesetzt werden. Anwender des Systems beklagen jedoch, daß die Korrektur und Manipulation des generierten Bewegungspfades nur umständlich möglich sei. Darüber hinaus erfolgen die Planungen ohne besondere Berücksichtigung des Bewegungsverhaltens der Anlage.

Das von *Reinhart et al. (1994b)* beschriebene Programmiermodul dient ebenfalls zur Programmierung von Portalanlagen. Charakteristisch sind hier die interaktive Bahnplanung und Technologieanpassung durch den Bediener sowie ein intelligenter Postprozessor. Eine Möglichkeit zur umfassenden Kollisionskontrolle durch Abbildung der kompletten Anlage bietet dieses System nicht. Ebenfalls in ein CAD-System integriert ist ein Programmiermodul für 5-achsige-Laseranwendungen, das in *Laser-Praxis (1997)* und von *Fetzer (1998)* vorgestellt wird. Beschrieben wird die Möglichkeit zur Kollisionskontrolle und zur Beeinflussung der Laserführung, Strategien zur automatischen Kollisionsvermeidung werden nicht aufgezeigt.

Heekenjann et al. (1996) beschreiben einen weiteren Lösungsansatz für die 3D-Laserprogrammierung, der die Erzeugung von Konturdaten und deren Aufbereitung, die Technologieanpassung sowie Kollisionsbetrachtungen und das Postprozessing der Programme in einem modular gestalteten Aufsatz zu einem CAD/CAM-System vorsieht. Lösungen zur automatischen Kollisionsvermeidung oder Algorithmen zur Bahnplanung und Layoutoptimierung werden auch hier nicht vorgestellt. Algorithmen zur technologieorientierten Bahnplanung in der 3D-Laserstrahlbearbeitung finden sich bei *Backes (1997)*. Kennzeichnend für diesen Lösungsansatz ist, daß zur Überprüfung der Programme und zur Technologiebestimmung nicht auf ein originales Steuerungsmodell zurückgegriffen wird sondern auf eine eigene, nicht von der verwendeten Steuerung abhängige Steuerungsnachbildung. Eine umfassende Betrachtung der gesamten CAD/CAM-Kette wird ebenso wenig aufgezeigt wie die Möglichkeit zur automatischen Optimierung der Aufspannung oder zur direkten interaktiven Anpassung des Bewegungspfades.

Eine CAD/CAM-Kette für die Programmierung von Laserrobotern, deren Ansatz durch eine Trennung zwischen Bahnplanung und Technologieplanung gekennzeichnet ist, beschreibt *Schwarz (1994)*. Die Bewegungsbahn wird in einem CAD-System festgelegt, wobei die Anwendung von Bahnplanungsstrategien interaktiv durch den Anwender erfolgen muß. Ergebnis der Bahnplanung ist ein neutrales Datenfile, auf das sich anschließend in einem Simulationssystem, das mit einem Technologieprozessor gekoppelt ist, die Technologieplanung und das Postprozessing stützt. Die zur Bestimmung der Technologiewerte benötigte Bearbeitungsgeschwindigkeit wird nur indirekt bestimmt, indem versucht wird, über die Geometrie der Bearbeitungsbahn auf die Geschwindigkeit des Roboters zurückzuschließen. Strategien zur automatischen Kollisionsvermeidung werden nicht aufgezeigt.

2.5 Fazit

Der Laser konnte sich in vielen Bereichen der industriellen Fertigung etablieren. Zu seinen Anwendungsfeldern zählen das Schweißen und Schneiden von Blechen. Insbesondere beim dreidimensionalen Beschnitt von Prototypenbauteilen, bei dem in der Regel nur kleine Stückzahlen gefertigt werden, konnte sich der Laser auf Grund seiner hohe Flexibilität und guten Automatisierbarkeit durchsetzen. Kennzeichnend für das räumliche Laserstrahlschneiden ist, daß der Aufwand zum Programmieren der Anlagen im Vergleich zur eigentlichen Fertigung der Bauteile sehr hoch ist. Eine effektive Programmierung der Laseranlagen ist daher eine wichtige Voraussetzung für eine wirtschaftliche Fertigung. Die Teach-In-Programmierung kann diese Forderung jedoch nur bei sehr einfachen Geometrien erfüllen, da sie zahlreiche Nachteile mit sich bringt. Für das Teachen der Programmstützpunkte wird ein angerissenes Bauteil benötigt. Das Anreißen der Bauteile aber ist besonders zeitintensiv und kann erst erfolgen, wenn ein Bauteil physikalisch vorhanden ist. Wird an der Anlage geteacht, kann diese während der Programmierung nicht fertigen, so daß ihre Produktivität sinkt. Zudem hängt die Genauigkeit der Programme sowohl von der Präzision des Anrisses als auch vom genauen Anfahren der Stützpunkte beim Teachen ab.

Abhilfe kann hier durch die rechnergestützte Programmierung der Anlagen geschaffen werden. Bestehende Ansätze zur Offline-Programmierung von Laseranalgen weisen aber eine Reihe von Defiziten auf. So sind die derzeit eingesetzten Programmiersysteme durch die überwiegend an der Geometrie des Bauteils orientierte Planung der Anlagenbewegung und eine begrenzte Funktionalität zur Programmkontrolle und –optimierung gekennzeichnet. Wird der Einfluß der Anlage jedoch nur unzureichend bei der Programmierung berücksichtigt, sind aufwendige Korrekturen beim Einfahren der Programme nötig. Dies ist mit ein Grund, daß die Offline-Programmierung noch nicht so intensiv eingesetzt wird, wie es wünschenswert ist. Zwar sind bereits Ansätze zu einer technologieorientierten Bahnplanung bekannt, diese Ansätze nutzen aber die zur Verfügung stehenden Freiräume nur unzureichend, da sich beispielsweise ihre Lösungsansätze auf die Freiheit zur Kopfanstellung oder Bahnmanipulation beschränken. Eine Optimierung der Aufspannung findet daher in der Regel nicht statt, da die benötigte Unterstützung von Programmiersystemen nicht zur Verfügung gestellt wird.

Neben den Defiziten bisher bekannter Lösungsansätze führen auch Mängel bei der Abstimmung der gesamten Prozeßkette auf die rechnergestützte Programmierung dazu, daß derzeit die Möglichkeiten zur informationstechnischen Integration der Lasermaterialbearbeitung nur unzureichend ausgeschöpft werden. Darin aber kann eine der Ursachen dafür gesehen werden, daß nach vorherrschender Meinung erst 30% des Potentials der Laseranwendungen in der Materialbearbeitung *(Geiger et al. 1997)* genutzt werden.

Um die Akzeptanz und den Einsatz des Lasers zu erhöhen, muß die Wirtschaftlichkeit und die Qualität der Lasermaterialbearbeitung weiter gesteigert werden. Dazu kann die rechnergestützte Offline-Programmierung beitragen. Damit aber die Möglichkeiten, die die rechnergestützte Programmierung bietet, ausgeschöpft werden können, muß zweierlei erreicht werden. Zum einen wird ein leistungsfähiges, technologie- und anlagenorientiertes Programmierwerkzeug benötigt, das alle zur Verfügung stehenden Freiräume nutzt. Zum anderen muß dem Anwender die richtige informationstechnische Integration der Lasermaterialbearbeitung entlang der gesamten Prozeßkette von der Konstruktion bis zur Fertigung aufgezeigt werden. Denn nur wenn alle in der Prozeßkette beinhalteten Arbeitsschritte auf die rechnergestützte Programmierung abgestimmt sind, kann das in der Offline-Programmierung vorhandene Potential genutzt werden.

3 Zielsetzung der Arbeit

Im Rahmen dieser Arbeit sollen Strategien für die effiziente informationstechnische Integration von 3D-Laseranlagen entlang der gesamten Prozeßkette von der Bauteilkonstruktion über die Programmgenerierung bis zur Fertigung von Bauteilen entwickelt werden. Dazu sollen alle Arbeitsschritte hinsichtlich eines wirkungsvollen Rechnereinsatzes analysiert und aufbauend auf die Analyse Lösungsansätze für eine effektive informationstechnische Integration erarbeitet und beispielhaft umgesetzt werden.

Die CAD/CAM-Prozeßkette wird zu diesem Zweck, in Anlehnung an die Zuordnung der einzelnen Arbeitsschritte zu verschiedenen Unternehmensbereichen (vgl. Abschnitt 2.1), in die Bausteine Geometriemodellierung, Programmierung sowie Einbindung der Fertigung mit der Programmausführung unterteilt (Bild 3.1).

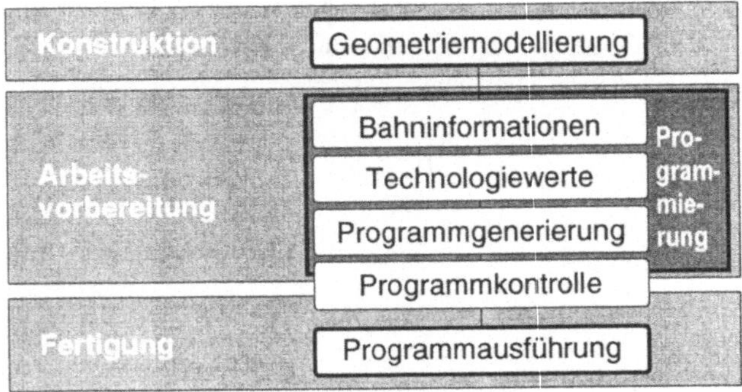

Bild 3.1: Im Hinblick auf die informationstechnische Integration von Laseranlagen zu betrachtende Prozeßkette

Da eine rechnergestützte Offline-Programmierung nur möglich ist, wenn ein aktuelles CAD-Modell des Bauteils zur Verfügung steht, beginnt die Betrachtung der CAD/CAM-Prozeßkette nicht erst mit den Arbeitsschritten der Arbeitsvorbereitung sonders bereits in der Konstruktion. Hier sollen Lösungsansätze für eine Geometriemodellierung, die eine fertigungsgerechte und aktuelle Geometriebeschreibung ermöglichen, aufgezeigt und untersucht werden.

Überdies ist für eine effiziente Offline-Programmierung wichtig, daß bereits am Rechner die Technologie des Laserbearbeitungsprozesses und der Einfluß der Anlage berücksichtigt werden. Zudem sollten alle zur Verfügung stehenden Freiräume genutzt werden können. Es sollen daher Strategien zur technologieorientierten Offline-Programmierung entwickelt und beispielhaft in einem Programmiersystem umgesetzt werden, die es erlauben, sowohl die Möglichkeit zur Anpassung der Bewegungsbahn als auch zur Plazierung des Bauteils zu nutzen, um Beeinträchtigungen der Bearbeitung auf Grund von Einschränkungen durch die Anlage entgegenzuwirken. Dem Bediener soll durch automatische Planungsfunktionen, wie Layoutplanung und Bahnplanung, die Programmierung erleichtert werden. Dennoch soll ihm die Möglichkeit erhalten bleiben, durch einfache Interaktion sein spezielles Erfahrungswissen in die Offline-Programmierung einzubringen.

Bei der Einbindung der Fertigung sollen zwei Aspekte im Vordergrund stehen. Um die offline erstellten Programme an der Maschine ausführen zu können, muß die Lage des Bauteils in der Realität und im Modell übereinstimmen. Für diese Aufgabe sollen Lösungsansätze aufgezeigt werden. Darüber hinaus soll ein Ansatz erarbeitet werden, damit die Anlage durch ihre informationstechnische Integration zur Qualitätsüberwachung der Fertigung eingesetzt werden kann.

Im Mittelpunkt der Betrachtungen sollen als Bearbeitungsverfahren das räumliche Laserstrahlschneiden und als Führungskinematik Sechs-Achsen-Knickarmroboter stehen. Denn das 3D-Laserstrahlschneiden wird häufig im Kleinserien- und Prototypenbau eingesetzt, so daß bei diesem Bearbeitungsverfahren auf Grund des ständig wechselnden Teilespektrums und des damit verbundenen, hohen Programmieraufwands eine Offline-Programmierung besonders vorteilhaft ist. Sechs-Achsen-Knickarmroboter hingegen sind für die Laserstrahlmaterialbearbeitung interessant, da sie wegen ihrer geringen Investitionskosten relativ günstige 3D-Laseranlagen ermöglichen.

4 CAD/CAM-Prozeßkette: Geometriemodellierung

Voraussetzung für eine rechnergestützte Programmierung von räumlichen Bahnapplikationen bei komplexen Werkstückgeometrien ist eine mathematische Beschreibung der 3D-Geometrie des Bauteils sowie der Bearbeitungskonturen. Ergebnis der Geometriemodellierung muß daher ein 3D-CAD-Modell sein (Bild 4.1).

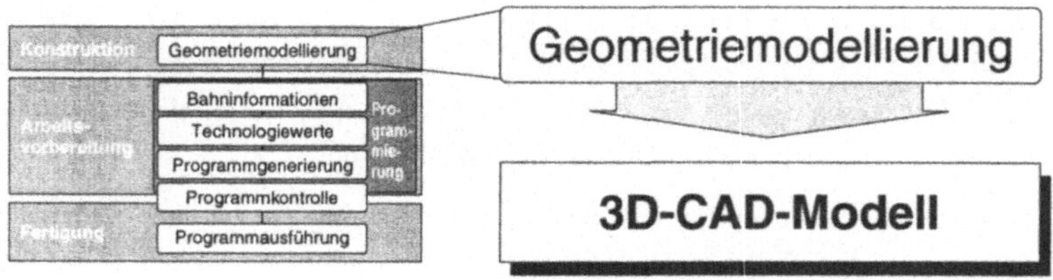

Bild 4.1: 3D-CAD-Modell als notwendige Eingangsgröße aus der Konstruktion

4.1 Prozeßgerechte Konstruktion

Wichtigste Aufgabe der Geometriemodellierung bzw. Konstruktion ist es, Sorge zu tragen, daß das Fertigteil die an das Bauteil gestellten, produktspezifischen Anforderungen erfüllt. Innerhalb dieser Rahmenbedingung verbleibt dem Konstrukteur jedoch in der Regel ein größerer Gestaltungsspielraum, den er nutzen sollte, um das Bauteil ohne Einbußen in den Produkteigenschaften auch aus fertigungstechnischer Sicht zu optimieren. Im folgenden sollen daher Hinweise für eine bezüglich der räumlichen Laserstrahlschneidbearbeitung fertigungsgerechten Konstruktion gegeben werden.

Wie in Abschnitt 2.3.2 gezeigt wurde, unterliegen die Anlagen Restriktionen hinsichtlich Zugänglichkeit und Maschinendynamik, die Ursache für Beeinträchtigungen des Bearbeitungsergebnisses an kritischen Konturelementen sein können. Dem Konstrukteur müssen diese bekannt sein, um durch eine prozeßgerechte Konstruktion mögliche Probleme von vornherein ausschließen oder begrenzen zu können.

Bild 4.2 zeigt kritische Bauteilkonstruktionen und den prozeßgerechten Lösungsansatz. So sollten, um die dynamischen Belastungen der Handhabungsgeräte zu verringern, unnötig starke Krümmungen entlang der Bearbeitungskontur (Bild 4.2a, c) ebenso vermieden werden wie Sicken im Bereich der Bearbeitungskontur (Bild 4.2b).

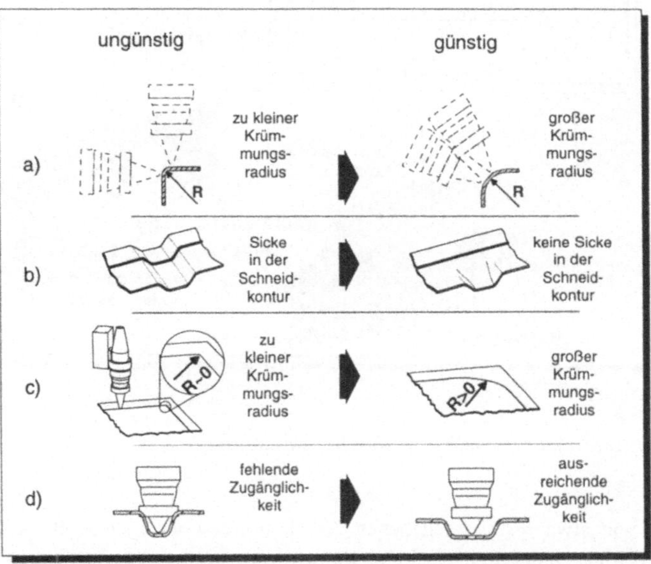

Bild 4.2: Prozeßgerechte Bauteilkonstruktion

Darüber hinaus sollte der Konstrukteur darauf achten, daß die Zugänglichkeit des Bauteils in einer Aufspannung vollständig gewährleistet ist (Bild 4.2d), damit nicht wegen unzureichend prozeßgerechter Gestaltung das Bauteil von zwei Seiten geschnitten werden muß. Dies ist um so wichtiger, je höher die Stückzahlen des mit dem Laser geschnittenen Fertigungsloses sind, da durch das Umspannen des Bauteils nicht nur der Programmier- sondern auch der Fertigungsaufwand erheblich steigt.

Quantitative Anhaltspunkte für eine prozeßgerechte Konstruktion können dem Konstrukteur zur Verfügung gestellt werden, indem mit Hilfe von Versuchsreihen die Zusammenhänge, beispielsweise zwischen dem Krümmungsradius und der erreichbaren Bahngeschwindigkeit, aufgezeigt werden (Bild 4.3a). Da aber die zur Aufstellung der Tabellen nötigen Versuche in der Regel unter bestimmten Vorausset-

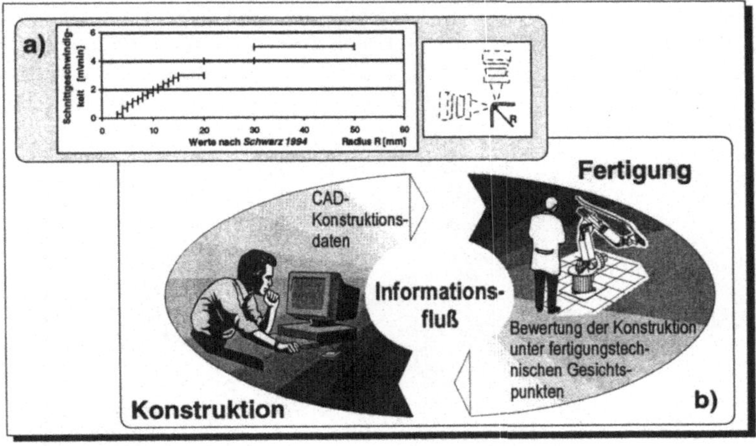

Bild 4.3: Informationsquellen für den Konstrukteur

zungen, wie etwa fest vorgegebenen Achskonfigurationen, erfolgen, können die Ergebnisse nur eingeschränkt verallgemeinert werden. Erhält der Konstrukteur aber Rückmeldung darüber, welche Details seiner Konstruktion schwierig zu fertigen waren (Bild 4.3b), so kann er mit jeder Konstruktion sein Wissen und sein Verständnis für eine laserschneidgerechte Gestaltung verfeinern und dadurch seine Konstruktionen verbessern. Daher ist für die Optimierung von Produkten die Rückführung von Informationen aus der Fertigung in die Produktentwicklung ebenso zu fordern, wie dies für Informationen aus der Nutzungsphase des Produkts *(Berliner Kreis 1997)* der Fall ist.

4.2 Anforderungen an die Geometriemodellierung

Neben der richtigen konstruktiven Gestaltung des Bauteils spielt auch die Beschaffenheit des zu verarbeitenden CAD-Modells für eine effiziente CAD/CAM-Prozeßkette eine maßgebliche Rolle. Folgende Anforderungen sind daher an eine prozeßkettengerechte Geometriemodellierung zu stellen:

- Das Bauteil sollte entlang der Bearbeitungskontur konsistent konstruiert sein, d.h. es darf keine Löcher und keine Spalte zwischen Nachbarflächen aufweisen.

- Im CAD-Modell sollten alle kollisionsrelevanten Topologien abgebildet sein, also auch Tiefziehwülste, falls diese zu Kollisionen führen können.

- Die relevanten Topologien des CAD-Modells sollten dem realen Bauteil entsprechen.

- Das exportierte CAD-Modell sollte frei von störenden Hilfsflächen und –linien sein.

- Die Bearbeitungskonturen sollten eindeutig und ohne fehlerhafte Schleifen sein.

Unterstützung bei der richtigen Geometriemodellierung kann der Konstrukteur durch leistungsfähige CAx-Werkzeuge, wie beispielsweise Systeme zur Simulation des Tiefziehvorgangs *(Wendenburg 1998),* CAD-Systeme oder Digitalisierwerkzeuge, erhalten.

4.3 Einsatz von CAD-Systemen

In der Regel wird die benötigte Geometriebeschreibung der Werkstücke direkt in einem CAD-System erzeugt. Für die Offline-Programmierung von 3D-Anlagen muß in der Konstruktion ein 3D-CAD-System zum Einsatz kommen. Am Markt steht mittlerweile eine Vielzahl von 3D-CAD-Systemen für die verschiedenen Rechnerplattformen, wie etwa Unix-Workstation oder Personal Computer, zur Verfügung.

Für die Beschreibung von Geometriemodellen in einem CAD-System sind mehrere mathematische Ansätze möglich *(Spur 1984, Rooney & Steadman 1990).* Eine Bauteilgeometrie kann unter anderem mit Hilfe von Bezier-, B-Spline- oder NURBS (Nonuniform Rational B-Spline)-Flächen beschrieben werden. Damit zwischen verschiedenen CAD-Systemen trotz differierender Datenstruktur und unterschiedlicher mathematischer Repräsentation der Bauteilgeometrie ein Austausch von Geometriedaten möglich ist, existieren entsprechende Datenschnittstellen. Man unterscheidet hier zwischen sogenannten Direktschnittstellen, die die Informationen unmittelbar im Datei-Format des Zielsystems einlesen, und neutralen Datenschnittstellen, die einen systemunabhängigen Datenaustausch ermöglichen. Zu den wichtigsten neutralen Austauschformaten gehören die IGES-Spezifikation (Initial Graphics Exchange Spezifikation, *IGES 1986)* und zunehmend die STEP-

Spezifikation (Standard for the Exchange of Product Model Data, *ISO 10303 1996*). Der Vorteil von STEP liegt in den erweiterten Beschreibungsmöglichkeiten, mit denen sich über das reine Geometriemodell hinaus Produktdaten wie beispielsweise Materialeigenschaften oder Arbeitsplanungsinformationen abbilden lassen. Ziel des STEP-Formates ist es, rechnerinterpretierbare Produktinformationen während des gesamten Produktlebenszyklus eindeutig zu beschreiben. Zudem wird im deutschsprachigen Raum vor allem die VDAFS-Spezifikation (Verband deutscher Automobilhersteller Flächen Schnittstelle) genutzt *(DIN 66301 1986)*.

Die für die Offline-Programmierung von Bahnapplikationen benötigte Geometriebeschreibung des Werkstücks kann von den CAD-Systemen über die Schnittstellen zum Datenaustausch bereitgestellt werden. Zum Modellieren des Bauteils können daher alle 3D-CAD-Systeme eingesetzt werden, die über eine entsprechende Schnittstelle verfügen.

4.4 Digitalisieren von Bauteilgeometrien

Doch trotz des steigenden Einsatzes von 3D-CAD-Systemen fehlen gerade im Werkzeug- und Formenbau immer wieder gültige CAD-Daten. Dieser Fall tritt ein, wenn Werkstücke bearbeitet werden, die nicht im CAD-System konstruiert wurden oder deren Geometrie von der mathematischen Beschreibung des CAD-Modells abweicht.

Eine Ursache für die Differenzen zwischen realer Bauteilgeometrie und den ursprünglichen CAD-Daten findet sich in der Prozeßkette der Werkzeugfertigung. Hier ist es gängige Praxis, daß Werkzeuge unter Verwendung von numerisch gesteuerten Fräsmaschinen gefertigt werden, deren Fräsprogramme mit Hilfe von CAM-Systemen aus den CAD-Daten des Bauteils generiert werden. Während der Fertigung der Werkzeuge kommt es jedoch zu manuellen Änderungen der Werkzeuggeometrie *(Friedhoff 1997)*. Manuelle Eingriffe können beispielsweise nötig sein, um ein sicheres Tiefziehen von Blechformteilen zu erreichen. Daraus resultierende Abweichungen zwischen der Geometrie der Bauteile und den ursprünglichen CAD-Daten müssen wieder in die CAD-Modellierung zurückfließen, damit ein aktuelles CAD-Modell für die rechnergestützte Programmierung zur Verfügung steht. Dies kann mit Hilfe des Digitalisierens geschehen.

Das grundsätzliche Vorgehen für die Geometriemodellierung mit Hilfe des Digitalisierens läßt sich, wie Bild 4.4 verdeutlicht, in zwei Schritte einteilen *(Reinhart et al.*

1995b). Zuerst wird die Bauteiloberfläche abgetastet. Aus der Abtastung resultiert eine Vielzahl diskreter Punkte, die bereits die Geometrie des Bauteils wiedergeben, jedoch noch keine kontinuierliche Flächenbeschreibung darstellen. Daher wird in einem weiteren Arbeitsschritt die Geometriebeschreibung durch diskrete Abtastpunkte in eine mathematische Flächendarstellung überführt, die für nachfolgende Arbeiten in einem CAD-System erforderlich ist.

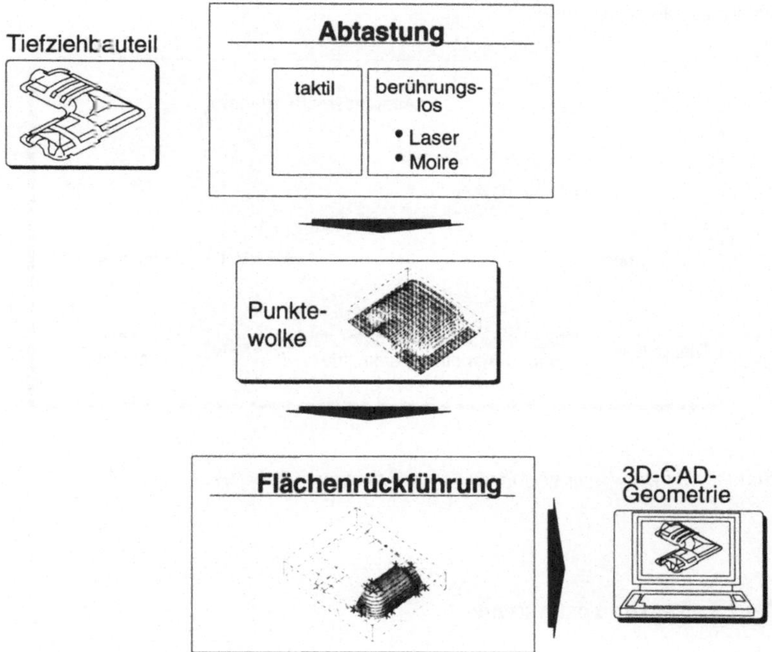

Bild 4.4: Zweistufiges Vorgehen beim Digitalisieren von Bauteilen

4.4.1 Abtasten des Bauteils

Zum Abtasten des Bauteils werden Systeme benötigt, die in der Lage sind, die Bauteilgeometrie mit hoher Genauigkeit zu erfassen. In der Regel verwendet man zur Abtastung des Bauteils Meßmaschinen oder Fräsmaschinen, die mit entsprechenden Meßtastern bzw. -sensoren ausgerüstet sind. Gesucht werden die Koordinaten des zu messenden Punktes auf der Bauteiloberfläche bezüglich des Meßkoordinatensystems. Diese ergeben sich aus den Verfahrwegen der Führungskinematik und, bei Einsatz messender Tastsysteme, der Meßstrecke. Die Abtastung selbst kann nach unterschiedlichen Wirkprinzipien erfolgen. Bild 4.5 zeigt eine Übersicht bekannter Abstandsmeßverfahren *(Pritschow et al. 1992)*. In der Regel werden zum Digitalisieren von Bauteilen neben den berührend scannenden Systemen optisch scannende und bildgebende Digitalisiersysteme verwendet, die mit optoelektronischen Verfahren arbeiten.

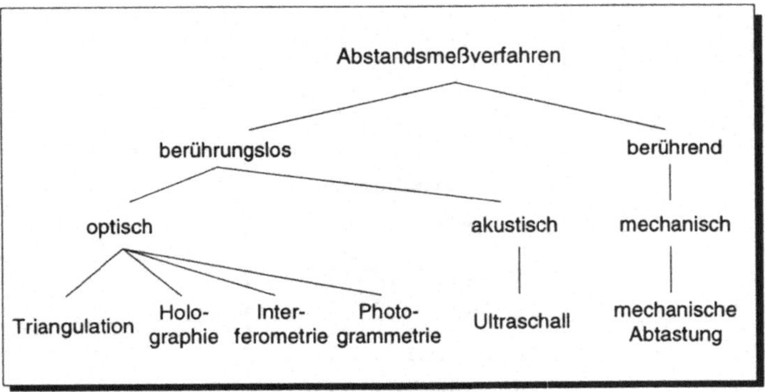

Bild 4.5: Abstandsmeßverfahren (nach Pritschow et al. 1992)

4.4.1.1 Taktile Tastsysteme

Beim Digitalisieren mit berührend scannenden Systemen kommen schaltende oder messende Tastköpfe zum Einsatz (Bild 4.6). Schaltende Tastsysteme lösen bei Erreichen einer definierten Tasterauslenkung ein Schaltsignal aus, um die Position an den Längenmeßsystemen der Führungskinematik zu erfassen. Bei messenden Tastsystemen wird in der Meßposition die Auslenkung des Taststiftes durch kleine Wegmeßsysteme ermittelt. In der Regel werden beim taktilen Abtasten nicht die Koordinaten der Meßpunkte auf der Bauteiloberfläche, sondern die Koordinaten des Tastermittelpunktes erfaßt, weshalb eine Tasterkugelradiuskorrektur nötig ist.

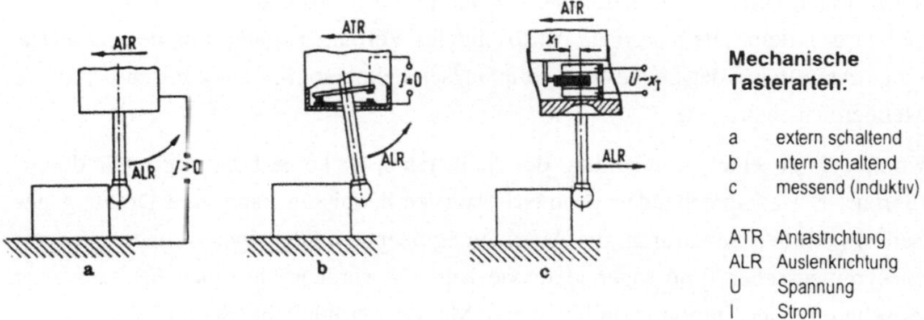

Bild 4.6: Schaltende und messende Taststifte (Warnecke 1984)

4.4.1.2 Lasertriangulation

Bei der Lasertriangulation wird mit Hilfe eines Lasers ein enger Lichtstrahl auf das Meßobjekt projiziert. Dort wird er diffus reflektiert und trifft zum Teil auf die Empfangsoptik, die unter einem definierten Winkel zum Sendestrahl angeordnet ist (Bild 4.7).

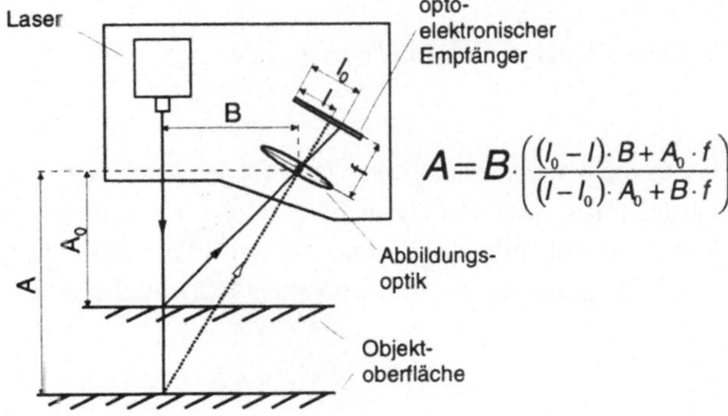

$$A = B \cdot \left(\frac{(l_0 - l) \cdot B + A_0 \cdot f}{(l - l_0) \cdot A_0 + B \cdot f} \right)$$

Bild 4.7: Funktionsprinzip eines Triangulationssensors

Die positionsempfindliche Empfangsoptik, beispielsweise ein CCD-Linienarray, ermittelt den Ort der größten Intensität der reflektierten Strahlung. Dieser ändert sich mit dem Abstand des Meßobjekts zum Triangulationssensor. Unter Beachtung der trigonometrischen Verhältnisse läßt sich nun der Abstand zwischen Sensor und Objekt ermitteln. Die maximale Auflösung des Verfahrens hängt von der geometrischen Anordnung der Sende- und Empfangseinheiten ab. Sie kann bis zu 0.1% des Meßbereichs betragen.

Kommt es zu einer Abschattung des Meßstrahls, ist keine Messung mehr durchführbar. Bei entsprechenden geometrischen Verhältnissen kann eine Drehung des Sensors um den Sendestrahl die Abschattung beenden. Günstiger ist hier ein rotationssymmetrischer Empfänger, der, wie Bild 4.8 verdeutlicht, auch bei teilweiser Abschattung der Empfangsstrahlung eine Messung ermöglicht *(Beck 1991)*.

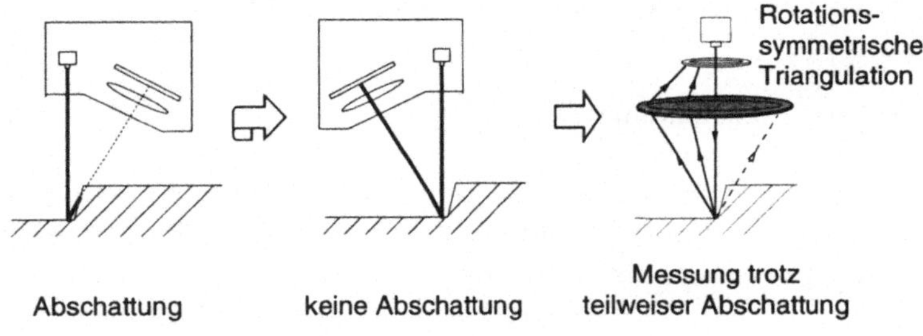

Bild 4.8: Abschattung bei Lasertriangulationssensoren

Durch den Einsatz von beweglichen Spiegeln lassen sich Scannersysteme aufbauen, die mehrdimensional messen können. Ohne Spiegel kann zweidimensional gemessen werden, wenn man mit Hilfe einer Zylinderlinse den Laserstrahl als Lichtstreifen auf das Meßobjekt projiziert, der von dort auf ein CCD-Flächenarray reflektiert wird.

4.4.1.3 Moiré-Verfahren

Das Moiré-Verfahren erlaubt eine räumliche Aufnahme der Meßobjekte. Der Moiré-Effekt tritt auf, wenn periodische Muster überlagert werden und miteinander interferieren. Dies ist beispielsweise der Fall, wenn zwei Gitter mit unterschiedlicher Gitterkonstante übereinandergelegt oder gleiche Gitter gegeneinander verdreht werden, wie Bild 4.9 verdeutlicht.

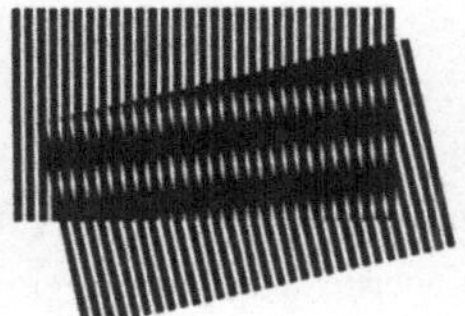

Bild 4.9: Moiré-Effekt

Beim Schattenmoiré-Verfahren wird ein Gitter unmittelbar vor dem zu messenden Objekt durchstrahlt und von einer versetzten Position aus betrachtet. Durch die Topografie der Oberfläche entsteht ein verzerrtes Abbild, das mit dem Gitter interferiert. Beim Projektionsmoiré-Verfahren hingegen wird aus größerer Entfernung ein Gitter mit Hilfe einer Beleuchtungseinrichtung auf die Objektoberfläche projiziert und dessen Abbild durch ein zweites Gitter betrachtet. In der Praxis wird zur Aufnahme des Projektionsbildes ein CCD-Array eingesetzt, das mit seiner Zeilenstruktur zugleich das Referenzgitter bildet, so daß auf ein gesondertes zweites Gitter verzichtet werden kann. Zur praktischen Anwendung kommt fast ausschließlich das Projektionsmoiré-Verfahren, da es einen sehr kompakten Sensoraufbau ermöglicht (Bild 4.10).

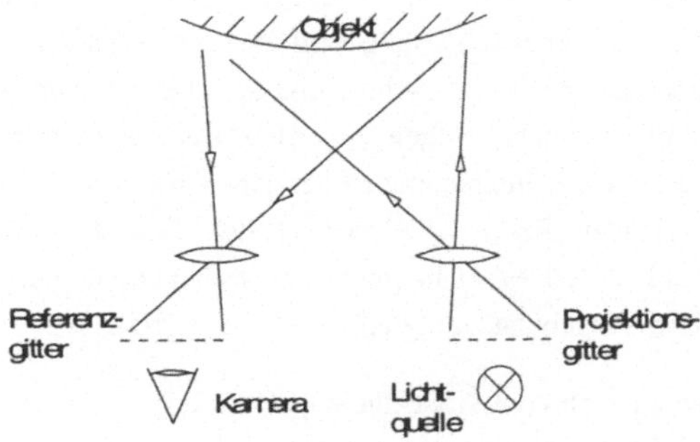

Bild 4.10: Projektionsmoiré-Verfahren

In Abhängigkeit vom Abstand der Objektoberfläche zur Kamera erhält man Bereiche höchster Intensität, wenn das projizierte Gitter mit dem Betrachtungsgitter exakt aufeinanderfällt, und Bereiche geringerer Intensität, in denen sich beide Gitter versetzt überlagern. Dadurch entstehen Höhenschichtlinien, d.h. Linien mit gleichem Abstand zum Sensor. Für eine exakte Bestimmung des Abstandes zur Objektoberfläche reicht aber die Intensitätsverteilung nicht aus, so daß nach dem Phasenshift-Verfahren in der Regel drei Aufnahmen mit geringfügig versetztem Gitter erstellt und ausgewertet werden *(Langer 1990, Heckmann 1994)*.

4.4.1.4 Praktische Untersuchungen und Vergleich der Verfahren

Für Untersuchungen standen zum mechanischen Abtasten eine Hermle Fräsmaschine mit Heidenhain Tastsystem TS 550 und für das berührungslose Abtasten eine CNC-Maschine LSC 300 der Fa. Werner Eberle GmbH mit einem rotationssymmetrisch messenden Lasertriangulationssensor OTM 2 der Fa. Dr. Wolf&Beck GmbH zur Verfügung. Als weiteres optisches Meßsystem wurde eine Moiré-Kamera EOSSCAN 100 der Fa. EOS GmbH eingesetzt, bei der das Moiré-Verfahren mit einer Lasertriangulation verbunden wird *(EOSCAN 1993)*.

Abhängig vom verwendeten System und der Beschaffenheit des Bauteils sind unterschiedliche Abtaststrategien erforderlich. Mit dem mechanischen Taster und dem Lasersensor wurden Bauteile punktweise im 3-Achs-Betrieb abgetastet. Mögliche Abtaststrategien bei Punkt-Abtastungen sind: Zeilen-, Radial, Trassen-Abtastung, Abtastung von Höhenlinien und Hand-Abtastung. Die Moiré-Kamera, die bei jeder Abtastung einen Rechteckbereich erfaßt, wird für jede Aufnahme entsprechend zum Objekt positioniert. Bei der Fräsmaschine und dem CNC-Digitalisiergerät konnten quaderförmige Abtastbereiche festgelegt werden. Darüber hinaus existieren Systeme am Markt, die andere Begrenzungen der Abtastbereiche beispielsweise durch Polygonenzüge erlauben *(Bremer & Drewing 1990)*. Je nach Anforderungen an die benötigten Abtastdaten ist es so möglich, bei großen Bauteilen nur die Bearbeitungsbahn und ihre Umgebung zu digitalisieren.

Ein Bauteil kann in mehreren Abtastdurchgängen aufgenommen werden. Die gesamte Bauteilbeschreibung erhält man in diesem Fall durch Überlagerung der einzelnen Punktewolken. Bild 4.11 zeigt ein Tiefziehbauteil, das in vier Durchgängen abgetastet wurde. Die vier Aufnahmen ergeben zusammen eine vollständige Beschreibung der zu bearbeitenden Randbereiche.

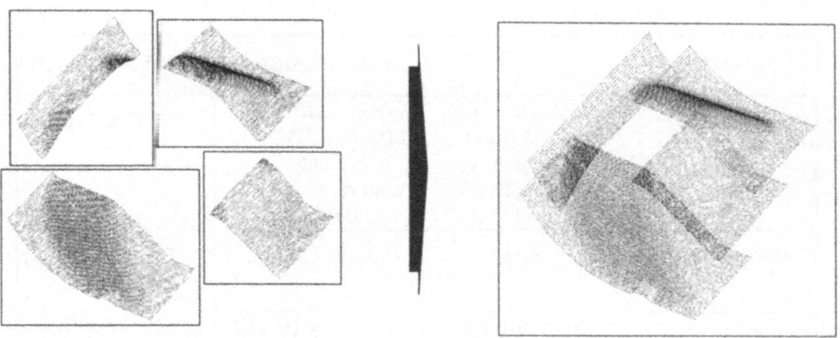

Bild 4.11: Zusammengesetzte Punktewolke

Grundsätzlich eigneten sich sowohl das taktile wie auch die optischen Tastsysteme zum Abtasten von Bauteilen der Blechbearbeitung. Tabelle 1 zeigt einen Vergleich der untersuchten Systeme. Bei der mechanischen Abtastung muß darauf geachtet werden, daß beim Tasten sehr dünner Blechteile die Tastkraft nicht zu einer Verformung der Bauteile führt. Aufgrund der auf das Bauteil wirkenden Tastkraft ist es erforderlich, das Bauteil einzuspannen. Dies ist bei den optischen Systemen nicht notwendig, da diese berührungslos und somit kraftfrei arbeiten. Hier ist aber in der Regel eine Vorbehandlung der Bauteile mit Farbe erforderlich, die dazu beiträgt, das auftreffende Licht diffus zu reflektieren.

Beim Digitalisieren von Tiefziehbauteilen mit sehr steilen Flanken traten beim Abtasten mit der 3-Achs-CNC-Maschine und dem Lasertriangulationssensor Probleme auf. Lasertriangulationssensoren können nicht exakt messen, wenn nicht genügend Intensität des Meßstrahls die Auswerteeinheit erreicht (Bild 4.12). So dürfen bei allen Digitalisierverfahren, die mit Hilfe von Triangulation arbeiten, die zu analysierenden Flächen keine zu große Verkippung zur Blickrichtung des Sensors haben *(Steinborn & Sturm 1997)*. Abhilfe schaffen hier Digitalisiergeräte, die das Bauteil in verschiedenen Ansichten abtasten können. In diesem Fall setzt sich das Gesamtobjekt aus mehreren, jeweils in einer günstigen Position erfaßten Einzelpunktwolken zusammen. Möglich war dies beispielsweise bei der Moiré-Kamera, die für jede Aufnahme eines neuen Rechteckbereichs neu positioniert wurde.

Abtastverfahren	taktil	Lasertriangulation	Moiré-Verfahren
System	Hermle UWF 1202 H mit Heidenhaim Tastsystem TS 550	Werner Eberle CNC-Maschine LSC 300 und Wolf & Beck Laser OTM 2	EOSCAN 100
Teilevorbereitung	keine	Farbe (matt)	Farbe (matt, weiß)
Aufspannvorrichtung	nötig (berührend)	nicht nötig (berührungslos)	nicht nötig (berührungslos)
Tastkugelradiuskorrektur	nötig	nicht nötig	nicht nötig
Kräftefreiheit am Meßpunkt	nein	ja	ja
Schräges Antasten	>85° (bei entspr. Zugänglichkeit)	bis 60°	bis 55°
Kollisionsgefahr	ja	gering	nein
Digitalisierung von Löchern	nein	nein	ja

Tabelle 1:   Vergleich der untersuchten Digitalisiersysteme

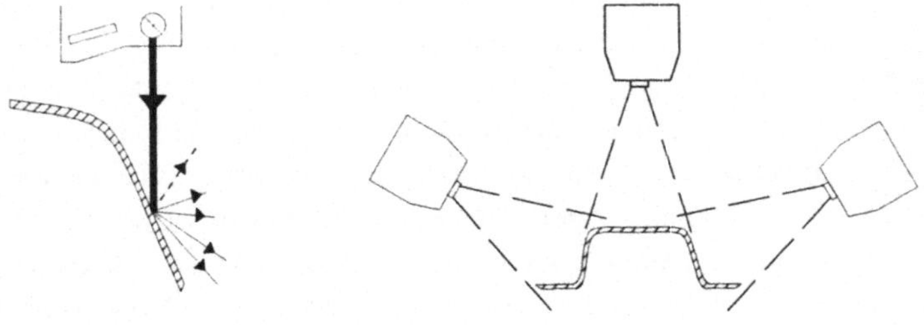

Bild 4.12: Zu steile Flanken erfordern ein optisches Abtasten in mehreren Ansichten

4.4.2 Flächenrückführung

Im nächsten Schritt erfolgt mit Hilfe von Flächenrückführprogrammen die Umwandlung der abgetasteten Punktewolke in eine mathematische Flächenbeschreibung. Auf dem Markt sind dafür sowohl eigenständige Programme als auch spezielle Flächenrückführungs-Module innerhalb von Komplett-CAD-Systemen verfügbar. Bild 4.13 stellt die grundlegenden Arbeitsschritte der Flächenrückführung dar.

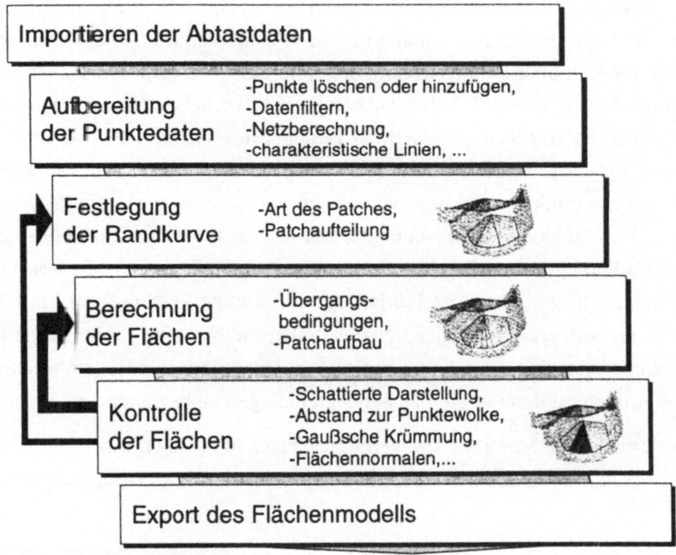

Bild 4.13: Grundlegendes Vorgehen bei der Flächenrückführung

Zunächst werden die Abtastdaten in die Flächenrückführungssoftware eingelesen. Hier sollte das Ausgabeformat des Abtastgerätes von den Flächenrückführungsprogrammen direkt eingelesen werden können. Während der durchgeführten Untersuchungen mußten zum Teil Konvertierungsprogramme geschrieben und mit ihnen das Datenformat der Abtastdaten angepaßt werden, was einen zusätzlichen Arbeitsschritt bedeutete. Erforderlich aber ist es, daß die Flächenrückführungssoftware die großen Datenmengen aus der Abtastung, die etliche Tausend Punkte umfassen können, handhaben kann. Da die Abtastdaten in der Regel ein Meßrauschen aufweisen, müssen sie gefiltert werden, bevor die eigentliche Flächengenerierung erfolgt.

Zur Generierung der Flächen existieren verschiedene Ansätze. Die Flächen können direkt anhand der Punktewolke berechnet werden oder indirekt, indem in einem Zwischenschritt aus den Abtastdaten Kurven erzeugt werden, die dann die Grundlage für die Flächenberechnung bilden. Das untersuchte System Pro/Engineer Version 14 beispielsweise berechnet die Flächen auf sogenannten style-curves, das sind Splinekurven, deren Stützpunkte der Anwender auf Kurven durch die Abtastpunkte festlegt. Dadurch erfolgt die Annäherung der Flächen an die Abtastdaten nicht unmittelbar sondern über eine Änderung der style-curves. Dieser Ansatz ist vor allem dann sinnvoll, wenn relativ wenige Abtastpunkte vorliegen. Andere Systeme, wie das untersuchte CAD-System STRIMM 100 oder das System POMOS (**Po**int **Ba**sed **Mo**deling **S**ystem), berechnen die Flächen direkt anhand der Abtastdaten. Dazu werden auf der Punktewolke bzw. auf darauf automatisch erzeugten Polygongittern *(Weigert 1994)* oder Netzen Flächengrenzen festgelegt und anschließend vom Programm die vorgegebenen Flächenbegrenzungen unter Beachtung festgesetzter Nebenbedingungen, wie etwa der Forderung nach stetigen Übergängen, mit Flächen gefüllt. Zum Aufbau der Flächengrenzen stellen die Systeme zahlreiche Hilfsfunktionen zur Verfügung, um beispielsweise charakteristische Radienauslaufkurven ermitteln und diese dann in die Flächenbegrenzungen einbeziehen zu können.

Eine anschließende Kontrolle der erzeugten Flächen ist unerläßlich. Hilfreich sind dabei das Schattieren des Bauteils, um beispielsweise fehlerhafte, aufgefaltete Flä-

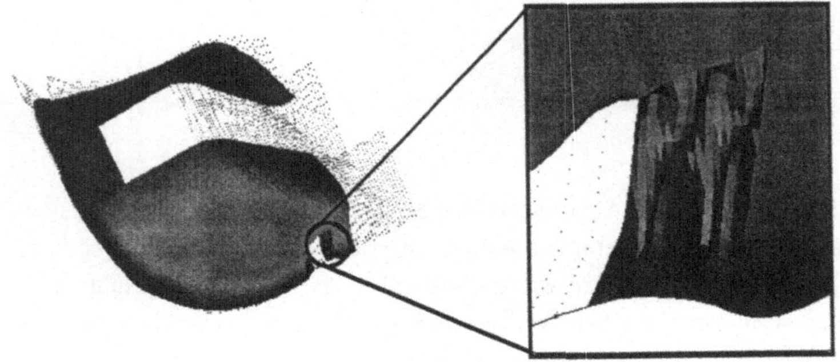

Bild 4.14: Schattierte Darstellung zur Flächenkontrolle

chen erkennen zu können (Bild 4.14), oder die Anzeige der Abstände der erzeugten Flächen zu den Abtastpunkten. Weitere Informationen über die Flächengüte erhält man durch Anzeige von Krümmungsverläufen oder von Reflexionslinien. Gerade bei der Rückführung hochwertiger Flächen, etwa Sichtflächen an Fahrzeugen *(Reuter 1993)* oder an hochwertigem Konsumgütern wie Motorradkoffern *(Maier 1996)*, sind diese Analysefunktionen zur Optimierung der Flächen unabdingbar.

Die Untersuchungen haben gezeigt, daß die Systeme den Anwender mit Hilfsfunktionen, etwa zur Vorgabe von Flächenbegrenzungen, unterstützen. Bei hohen Ansprüchen an die Flächenqualität sind dennoch zahlreiche interaktive Anpassungen des Anwenders nötig. Dadurch steigt der benötigte Zeitaufwand für die Flächenrückführung rasch an. Die Qualität der Bauteilmodellierung sollte sich daher an den Anforderungen der nachgeschalteten Prozesse orientieren.

Allein für die Offline-Programmierung zum Beschneiden der Bauteile genügt in der Regel eine einfachere Modellierung. Hohe Anforderungen an die optische Qualität der Flächen, die stark vom Krümmungsverlauf beeinflußt wird, werden nicht gestellt. Zudem kann eine Abstufung in der Qualität der Flächenrückführung erfolgen. Eine höherwertige Modellierung ist in den Bereichen der Bearbeitungsbahn erforderlich, wohingegen die übrigen Bereiche, die für Kollisionsbetrachtungen bei der rechnergestützten Simulation der Bearbeitung nötig sind, einfacher modelliert werden können. Auch der Tiefziehrand des Bauteils, der bei der rechnergestützten Offline-Programmierung für eine vollständige Kollisionskontrolle im CAD-Modell benötigt wird, kann so mit Hilfe des Digitalisierens einfach in die Geometriebeschreibung einbezogen werden.

5 CAD/CAM-Prozeßkette: Programmierung

Damit aus den 3D-Geometrieinformationen aus der Konstruktion rechnergestützt ein Maschinenprogramm für die Fertigungsanlage erstellt werden kann, muß ein Programmiersystem zur Verfügung stehen, das es ermöglicht, das Bauteil richtig zu plazieren, Bahninformationen und Technologiewerte festzulegen, ein Programm in der Steuerungssyntax der Anlage zu erstellen und dieses auf seine Richtigkeit hin zu überprüfen (Bild 5.1).

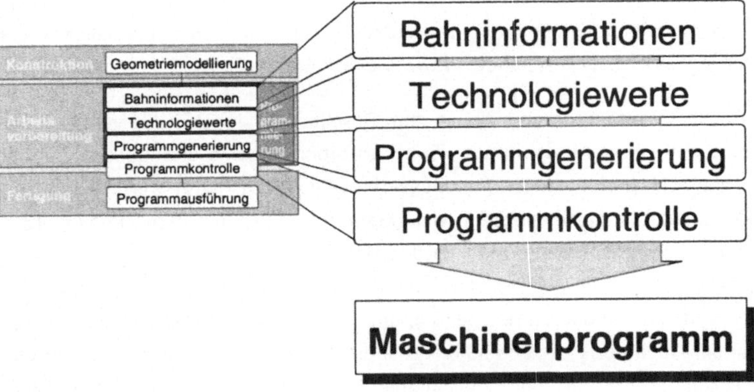

Bild 5.1:   Arbeitsschritte in der Fertigungsvorbereitung

5.1 Anforderungen an das Programmiersystem

Die Bearbeitung wird, wie in Abschnitt 2.3 gezeigt wurde, an kritischen Konturelementen durch die begrenzten Möglichkeiten der Anlage beeinträchtigt. Die Offline-Programmierung aber sollte eine einfache Generierung qualitativ hochwertiger Programme ermöglichen. Dies ist jedoch nur durch eine technologieorientierte Programmierung möglich, die die Restriktionen der Anlage kompensiert. Für das Offline-Programmiersystem folgt daraus, daß die Eigenschaften der Anlage und die Technologie des Bearbeitungsprozesses bereits bei der Programmgenerierung berücksichtigt werden müssen (Bild 5.2). Die Programmgenerierung soll also ganz gezielt anlagenbezogen erfolgen und nicht anlagenneutral, da nur so die Programme für die jeweilige Anlage optimiert und bereits während der Programmgenerierung hinsichtlich Kollisionen überprüft werden können. Eine völlig anlagenneutrale Programmierung ist ohnehin nicht möglich, da immer die Umsetzung der Bewegungsbefehle in die Syntax der Anlagensteuerung erfolgen muß.

- Berücksichtigung der Technologie

- Realistische Simulation

- Automatische Planungsalgorithmen

- Berücksichtigung der Anlage

- Abgleich zwischen Simulation und Realität

- Möglichkeit zum interaktiven Eingreifen des Benutzers

- Leichte Bedienbarkeit durch grafische Bedienoberfläche

Bild 5.2: Anforderungen an ein Programmiersystem

Zur einfachen Programmierung sollte ein Programmiermodul über automatische Planungsalgorithmen verfügen, die nach vorgegebenen Kriterien die Bearbeitungsaufgabe lösen. Die Planungsalgorithmen müssen in der Lage sein, kritische Konturelemente zu erkennen und die Freiräume der Bearbeitung, beispielsweise zum Anstellen des Bearbeitungskopfes oder zur Plazierung des Bauteils, zu nutzen. Darüber hinaus sollte das System als Ergänzung zu den Planungsalgorithmen dem erfahrenen Anlagenbediener die Möglichkeit bieten, sein Erfahrungswissen in die Programmierung einbringen zu können.

Um bei der Programmierung die Anlage berücksichtigen zu können, ist diese hinsichtlich ihrer Kinematik, ihrer Geometrie und ihres Bewegungsverhaltens umfassend abzubilden und in die Planungsalgorithmen einzubeziehen. Ferner ist eine realitätsnahe Simulation erforderlich, um während der Planung die Erreichbarkeit der Bearbeitungspunkte sicherstellen, Kollisionsbetrachtungen durchführen und das Programm am Rechner auf seine Richtigkeit hin überprüfen zu können. Darüber hinaus sollte das System mittels einer grafischen Bedienoberfläche vom Anwender leicht bedienbar sein und ihn durch Bedienerführung und Informationsbereitstellung unterstützen.

5.2 Grobstruktur des Offline-Programmiersystems

5.2.1 Mögliche Integrationsstufen und Basissysteme

Der Aufbau eines Offline-Programmiersystems kann in verschiedenen Integrationsstufen erfolgen (Bild 5.3). Es ist möglich jede der benötigten Funktionen Generierung der Bahninformationen, Festlegung der Technologiewerte, Programmerstellung und Testen der Programme mittels Simulation als eigenständige Programme auszuführen, deren Daten der Bediener über externe Schnittstellen an die übrigen Programme überträgt. Ebenso ist eine Integration aller Funktionen in einem kompletten Programmiermodul möglich.

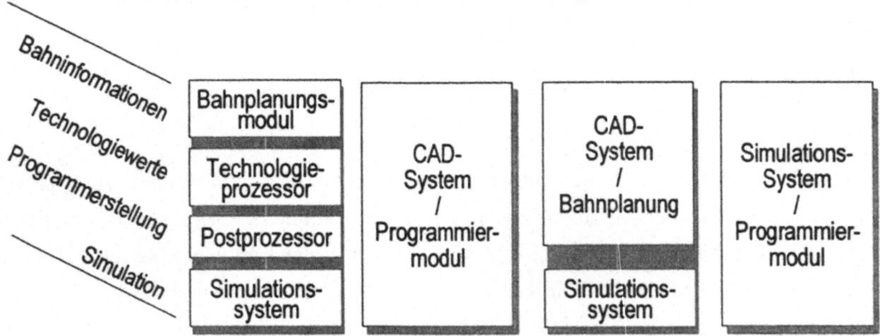

Bild 5.3: Integrationsstufen für die Offline-Programmierung

Beim Aufbau einer effizienten CAD/CAM-Kette ist ein integriertes Programmiermodul anzustreben, da diese Lösung dem Anwender eine Reihe von Vorteilen bringt. So befreit ein integriertes Programmiermodul den Anwender vom interaktiven Datenaustausch zwischen den Programmbausteinen. Darüber hinaus reduziert sich sein Verwaltungs- und Einarbeitungsaufwand deutlich, da er nur mehr mit einem Anwendungsprogramm arbeiten muß.

Als Basissysteme für ein Offline-Programmiermodul bieten sich CAD- oder NC- bzw. Robotersimulationssysteme an. Für eine Integration in ein CAD-System spricht, daß der Anwender, der das System schon zur Konstruktion der Bauteile einsetzt, mit einem einheitlichen System arbeiten kann. Die besonderen Stärken von CAD-Systemen liegen in den Möglichkeiten zur Geometriemanipulation. Die Stärken von Simulationssystemen hingegen liegen in den Möglichkeiten zur realitätsnahen Simulation der Fertigungsumgebung. Ein wichtiger Baustein einer technologieorientierten Offline-Programmierung aber ist die Simulation der Bearbeitung. Die dafür benötigten Grundfunktionen, beispielsweise zur Nachbildung der Kinematik oder zur schnellen Kollisionsrechnung, werden von Simulationssystemen standardmäßig bereitgestellt.

Neuere Entwicklungen im Bereich CAD führen zu Komplettsystemen, die zunehmend über Funktionen für die verschiedensten Aufgaben, beispielsweise für FEM-Berechnungen, aber auch zur Simulation, verfügen. CAD-Systeme jedoch, die leistungsfähige Funktionen zur Simulation bereitstellen, eignen sich ebenso als Basissystem für ein technologieorientiertes Offline-Programmiermodul.

5.2.2 Simulation als Basisfunktion

Die Simulation ist ein unabdingbarer Baustein für eine effiziente Offline-Programmierung. Sie hat unterschiedliche Aufgaben zu erfüllen. Zunächst dient sie zur dreidimensionalen Darstellung der Fertigungsumgebung. Dadurch erhält der Programmierer auch bei komplexen Bauteilen, wie sie in der 3D-Bearbeitung häufig zu fertigen sind, einen guten räumlichen Überblick über die Bearbeitungsaufgabe. Ferner ermöglicht die Simulation der Anlage Aussagen über die Erreichbarkeit bzw. Zugänglichkeit der Bearbeitungspunkte sowie über das Bewegungsverhalten des Handhabungsgeräts. Schließlich lassen sich durch die Abbildung der einzelnen Komponenten am Rechner Kollisionsbetrachtungen durchführen, so daß eventuell auftretende Kollisionen bereits während der Planung erkannt und durch entsprechende Planungsschritte umgangen werden können. Das dazu benötigte Simulationsmodell setzt sich aus den Grundbausteinen

- Geometriemodell,

- Kinematikmodell,

- sowie Steuerungsmodell

zusammen.

5.2.2.1 Geometrie und Kinematikmodell

Im Geometriemodell wird statisch die Gestalt der verschiedenen Komponenten der Fertigungsumgebung beschrieben. Zu den abzubildenden Komponenten gehören neben dem Bauteil und den einzelnen Baugruppen der Maschine auch die für die Simulation relevante Peripherie. Diese setzt sich aus all jenen Elementen zusammen, die in Kollisionsbetrachtungen einzubeziehen sind. Im robotergestützten Kleinserien- und Prototypenbau sind dies beispielsweise Bearbeitungstische sowie Spannelemente (Bild 5.4).

Die Geometriebeschreibung für die Bewegungssimulation erfolgt durch Polygonmodelle. Dies bringt Vorteile bei der Visualisierung der Objekte am Bildschirm, da 3D-Grafikbibliotheken entsprechende Routinen zur Darstellung von Facetten bereitstellen. Darüber hinaus wird das Polygonmodell zur Kollisionsrechnung in komplexen Simulationsumgebungen benötigt, für die in der Regel Algorithmen auf Basis facettierter Modelle verwendet werden, die überprüfen, ob sich einzelne Facetten der zu untersuchenden Objektgeometrien schneiden.

Um auch bei komplexen Geometrien kurze Rechenzeiten zu ermöglichen, arbeiten schnelle Algorithmen zur Kollisionserkennung in der Regel mit verschiedenen Abstraktionsstufen der Geometrie, indem Objekte durch Hüllkörper in Form von Kugeln und Quader substituiert werden *(Schrüfer 1992, Gottschalk et al. 1996)*. Mit Hilfe umhüllender Kugeln etwa kann bei weit entfernten Objekten trotz komplexer Bauteilgeometrien schnell festgestellt werden, daß die Bauteile nicht kollidieren, wenn die Summe der Kugelradien kleiner als der Abstand der Kugelmittelpunkte ist. Die umhüllenden Quader werden in Anlehnung an den angelsächsischen Sprachgebrauch auch als Bounding-Boxen bezeichnet. Hüllkörper finden sowohl bei komplexen Objekten (Objekt-Bounding-Box) wie auch bei einzelnen Flächen (Flächen-Bounding-Box) Verwendung, um Flächen, die nicht kollisionsgefährdet sind, vom rechenintensiven Test auf Flächenschnitt auszuklammern und so die Rechenzeiten für die Kollisionserkennung zu verkürzen. Dadurch kann die Kollisionsrechnung auch für dynamische Planungsaufgaben, wie die Offline-Programmierung, eingesetzt werden.

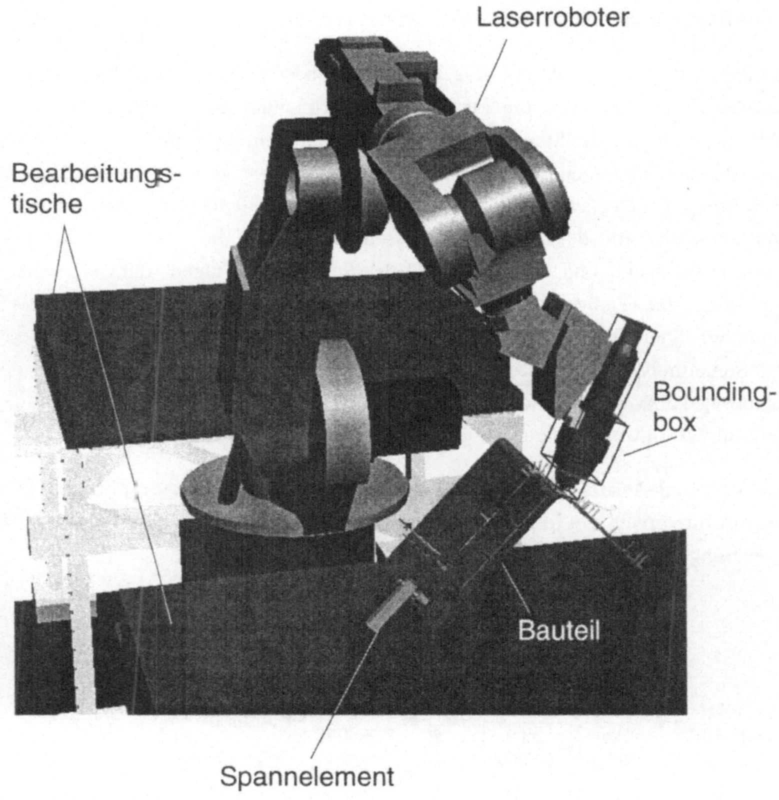

Bild 5.4: Simulation der Fertigungsumgebung mit allen relevanten Objekten

Die Maschine selbst wird aus den Geometriemodellen ihrer einzelnen Baugruppen aufgebaut, indem diese entsprechend der kinematischen Struktur der Maschine zu einer Kinematik verknüpft werden. Im Kinematikmodell sind dazu die Lage der einzelnen Bewegungsachsen, die zu verbindenden Geometrieobjekte, sowie die Art der beweglichen Verbindung, ob rotatorisch oder translatorisch, hinterlegt.

5.2.2.2 Steuerungsmodell

Als letzter Baustein zur Simulation wird ein Modell der Anlagensteuerung benötigt. Da das Steuerungsmodell großen Einfluß auf die Qualität der Simulation hat, wird dieser Baustein im folgenden ausführlicher betrachtet.

Um die Anforderungen an ein Steuerungsmodell besser darstellen zu können, wird zunächst der Aufbau und die Funktionsweise von numerischen Steuerungen beschrieben. Aufgabe der Steuerung ist es, alle Funktionen, die zum Bewegen der Kinematik, zum manuellen Teachen von Programmen sowie zu deren Ausführung und Verwaltung benötigt werden, bereitzustellen. Dazu zählen auch Funktionen zur Kommunikation mit dem Anwender, dessen Eingaben in der Regel über das Programmierhandgerät und das Bedienfeld der Steuerung erfolgen. Zum Dialog mit dem Anwender verfügen moderne Steuerungen über Bedieninterfaces, die vom eigentlichen Steuerungskern getrennt sind und als Schnittstelle zwischen Bediener und Steuerungskern fungieren. Sie dienen dazu dem Anwender Meldungen des Steuerungskerns verständlich darzustellen und Eingaben des Bedieners an den Steuerungskern weiterzuleiten.

Der Steuerungskern selbst läßt sich in verschiedene Grundmodule gliedern. Dies sind ein Interpreter, ein Modul für die Bewegungsführung sowie ein Modul zur Lageregelung (vgl. Bild 5.5).

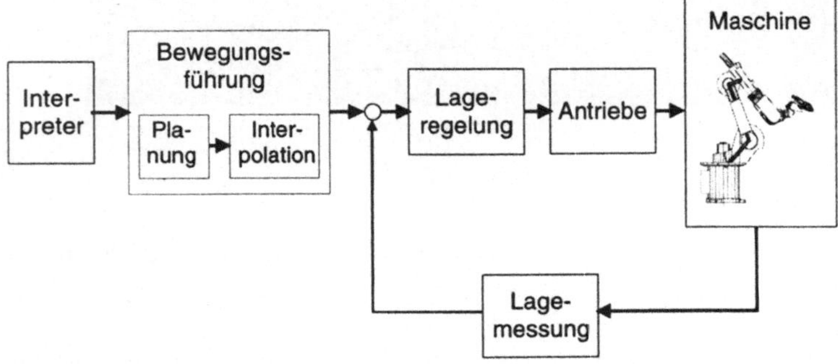

Bild 5.5: Funktionsmodell einer Robotersteuerung

Die für die Bearbeitung nötigen Anweisungen, wie Verfahranweisungen oder das Setzen von Signalausgängen, stehen entsprechend der Syntax der Robotersteuerung im Bearbeitungsprogramm. Zur Programmausführung müssen die einzelnen Anweisungen gelesen und dekodiert werden. Diese Aufgabe übernimmt der Interpreter, der zusätzlich die Programme auf ihre syntaktische Korrektheit überprüft. Einige Roboter-Simulationssysteme bieten neben Steuerungsmodellen, die die steuerungsspezifische Syntax verwenden, auch solche Modelle an, die auf eine steuerungsunabhängige Programmiersprache zurückgreifen. Dies ist dann vorteilhaft, wenn bei der Programmierung der zur Ausführung der Programme eingesetzte Roboter noch nicht bekannt ist. Sollen allerdings die Programme unter Berücksichtigung der Anlage optimiert werden, muß diese bereits vor der Programmgenerierung ausgewählt sein, so daß hier ein steuerungsunabhängiger Sprachinterpreter keinen Nutzen bringt. Ein Simulationsmodell mit steuerungsspezifischem Sprachinterpreter hingegen erlaubt es, die generierten Programme so, wie sie später an die Anlage überspielt werden, zu testen.

Nach der Interpretation der Programme erfolgt die Planung der Bewegung. Hierbei muß die Steuerung auf den Bewegungsbahnen weitere Stützpunkte generieren und die zugehörigen Sollwerte der Achsen bestimmen. Die meist in kartesischen Koordinaten vorgegebenen Zielpositionen werden dazu mit Hilfe der sogenannten Rücktransformation in den Gelenkkoordinatenraum überführt. Zusätzlich werden für die einzelnen Achsen die Bewegungsprofile bestimmt, in denen die zeitlichen Verläufe der einzelnen Achsbewegungen, ihre Beschleunigungen, konstante Geschwindigkeitsabschnitte und ihre Verzögerungen, unter Berücksichtigung der entsprechenden Grenzwerte festgelegt sind.

Die Sollwerte dienen der Lageregelung zur Berechnung der Stellsignale für die Leistungsteile, die wiederum die Antriebe mit Energie versorgen. Neben den Sollwerten des Interpolators fließen die Istwerte aus der Lagemessung in die Berechnung der Stellsignale ein.

Steuerungsmodelle in der Simulation

Für die Robotersimulation sind unterschiedliche Arten von Steuerungsmodellen bekannt. Zum einen sind dies Standard-Steuerungsmodelle, mit denen in Simulationssystemen unterschiedliche Robotertypen simuliert werden. Ihnen liegen laut *Jacobi (1994)* zumeist einfache trapezförmige Geschwindigkeitsprofile für die Bewegunsplanung zu Grunde. Die Modelle verfügen über verschiedene Parameter, um sie in gewissen Grenzen an die jeweilige Kinematik und ihre Steuerung anpassen zu können. Eine ausführliche Darstellung parametrisierter Steuerungsmodelle findet sich in *(Jacobi 1994)*.

Die Nachbildung der speziellen Eigenschaften bestimmter Steuerungen ist mit diesen Steuerungsmodellen in der Regel nur begrenzt möglich. Für ein genaues Abbild des Steuerungsverhaltens ist dies aber erforderlich. Die im Rahmen dieser Arbeit eingesetzte Steuerung KRC1 der KUKA Roboter GmbH beispielsweise reduziert die Geschwindigkeit des Werkzeugs, wenn Stützpunkte auf der Bahn zu eng beieinander liegen. Bild 5.6 verdeutlicht dies.

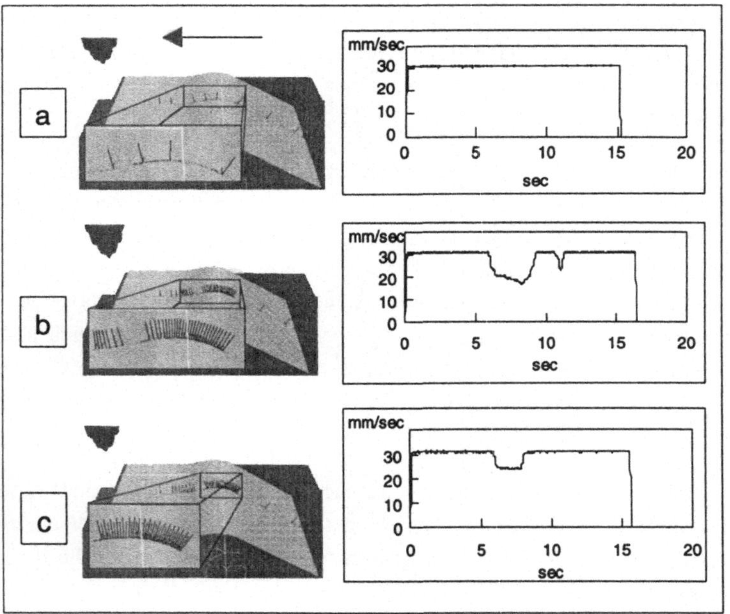

Bild 5.6:   Abnahme der Bearbeitungsgeschwindigkeit bei der Steuerung KRC1 bei zu geringen Stützpunktabständen

In Bild 5.6a wurde die dargestellte Bearbeitungsbahn mit der zur Abbildung des Konturverlaufs nötigen Anzahl von Stützpunkten in Form von Kreis- und Linearbewegungen programmiert. Bild 5.6b zeigt die gleiche Bearbeitungsaufgabe, die hier jedoch allein mit linearen Bewegungssätzen approximiert wurde. In Bild 5.6c hingegen wurde die Anzahl von Stützpunkten bei den mit Kreisbewegungen approximierten Bahnbereichen erhöht und dadurch ihr Abstand verringert. Es ist deutlich zu erkennen, daß die Geschwindigkeit des Werkzeugs auf Grund der geringeren Stützpunktabstände abnimmt.

Zudem führen die Hersteller neue Ansätze in ihre Steuerungen ein, um die Leistungsfähigkeit ihrer Roboter zu erhöhen. Bei trapezförmigen Geschwindigkeitsprofilen bestimmen die maximale Beschleunigung, die maximale Verzögerung sowie die vorgegebenen Geschwindigkeiten, ohne Berücksichtigung der nichtlinearen Roboterdynamik, die Profilform. Um aber schnellere Roboterbewegungen zu ermöglichen, berücksichtigen moderne Robotersteuerungen zunehmend dynamische Einflüsse. Die Kuka Roboter GmbH entwickelte beispielsweise, um die Geschwindigkeit des Roboters und seine Konturgenauigkeit zu steigern, zusammen mit der Deutschen Forschungsanstalt für Luft- und Raumfahrt (DLR) einen Steuerungsalgorithmus, der auf einem nichtlinearen, dynamischen Steuerungsmodell basiert.

Die Komplexität der Steuerungen nimmt ständig zu. Um die Eigenschaften einzelner Steuerungen genauer abbilden zu können, wurde daher die sogenannte realistische Robotersimulation (Realistic Robotic Simulation, kurz RRS, *Bernhard et. al. 1994*) entwickelt. RRS definiert eine Schnittstelle, die es erlaubt, vom Steuerungshersteller bereitgestellte Steuerungsmodule für die Simulation zu nutzen und dadurch die Genauigkeit der Simulation zu erhöhen.

Im Rahmen dieser Arbeit jedoch wurde ein neuer Ansatz zur Integration eines Steuerungsmodells genutzt, bei dem die Verknüpfung zwischen originaler Steuerung und Simulation noch stärker ist als bei RRS. Von der neuen, PC-basierten Steuerung KRC1 von KUKA ist ein Offlice-Derivat verfügbar, das ist ein originaler Steuerungsrechner ohne Leistungsteile, der für die Simulation eingesetzt werden kann. Durch die Verwendung des originalen Steuerungsrechners aber stimmen nicht nur einzelne Module, sondern die gesamte Steuerung zwischen Simulation und Anlage überein.

Um aber mit dem Programmiermodul auf die Steuerung zugreifen zu können, mußte eine Anbindung des Moduls entsprechend der Möglichkeiten der Steuerung entwickelt werden. Die Bedienung der KRC1 erfolgt über eine auf Windows 95 basierende Bedienoberfläche (BOF), während der Steuerungskern auf einem echtzeitfähigen Betriebssystem läuft. Eingaben des Benutzers am Programmierhandgerät, wie etwa das Laden eines Programms, erfolgen unter Windows 95 und werden über eine Cross genannte Schnittstelle an das Kernsystem weitergeleitet. Funktionen der Cross-Schnittstelle können aber nicht nur durch das Handbediengerät sondern auch von anderen Computerprogrammen aufgerufen werden. Allerdings ermöglicht die Cross-Schnittstelle nur eine rechnerinterne Kommunikation.

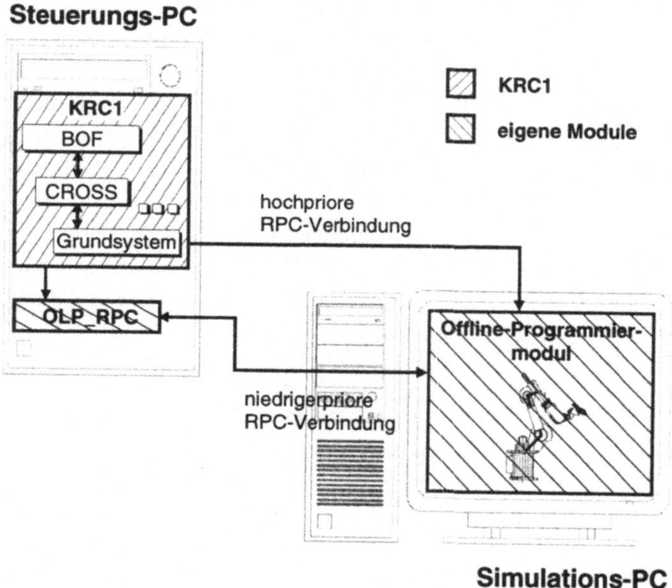

*Bild 5.7:   Kommunikationswege zwischen Offline-Programmiermodul und origi-
nalem Steuerungsmodul am Beispiel der KRC1 von KUKA*

Momentan jedoch wird für die Roboter-Steuerung auf Grund des hohen Rechenbedarfs ein eigener Personal Computer, im folgenden Steuerungs-PC genannt, benötigt, so daß die Roboter-Steuerung auf einem anderen Rechner als das Programmiermodul mit der grafischen Darstellung der Kinematik läuft. Um nun vom Rechner des Programmiermoduls, im folgenden Simulations-PC genannt, auf den Steuerungsrechner zugreifen zu können, mußte eine rechnerübergreifende Kommunikation mit Hilfe von sogenannten Remote Procedure Calls (RPC) aufgebaut werden. RPC ist ein Kommunikationsmechnismus, der es erlaubt, aus eigenen Programmen rechnerübergreifend Funktionen in externen Programmen aufzurufen und zwischen Programmen Daten auszutauschen. Dazu wird auf dem Steuerungs-PC ein Kommunikationsmodul gestartet, in Bild 5.7 mit OLP_RPC bezeichnet, das mit der Steuerung über die Cross-Schnittstelle und mit dem Simulationssystem mit Hilfe der RPC-Mechanismen Daten austauscht. Dadurch wird ein direkter Zugriff des auf dem Simulations-PC laufenden Programmiermoduls auf das auf dem Steuerungs-PC laufende originale Steuerungsmodul möglich.

Steuerungen unterscheiden Aufgaben mit unterschiedlich hohen Prioritäten. Sicherheitsabfragen oder die Feininterpolation der Gelenkkoordinaten besitzen beispielsweise eine höhere Priorität als etwa Eingaben zum Ändern des Darstellungsmodus des Programmierhandgeräts. Die Kommunikation über die Cross-Schnittstelle besitzt nicht die höchste Priorität innerhalb der Steuerung. So können zwar über die Cross-Schnittstelle die benötigten Variablen, wie etwa die aktuellen Achspositionen oder die aktuelle Geschwindigkeit des TCP, aus der Steuerung abgefragt werden, allerdings variieren die Antwortzeiten je nach Arbeitsauslastung der Steuerung stark. Bei ruhendem Roboter können Antwortzeiten von ca. 20 msec erreicht werden, die sich bei bewegtem Roboter auf 200msec und mehr verlängern können. Zudem ist ungewiß, welcher Systemzeit der Steuerung die Daten zuzuordnen sind.

Um diese Nachteile zu kompensieren, verfügt die Steuerung noch über einen weiteren Datenkanal zu externen Programmen. Die Steuerung kann direkt aus dem Grundsystem über eine hochpriore RPC-Verbindung mit kurzen Zykluszeiten die Achswinkel und die Zustände der Ausgänge gemeinsam mit der entsprechenden Systemzeit der Steuerung ausgeben. So können die benötigten Daten in einem Zeitraster von ca. 12 msec ausgelesen werden. Aus den erhaltenen Achswerten lassen sich in Verbindung mit der Systemzeit durch Vorwärtstransformation und numerische Differentiation die Geschwindigkeit des TCP's sowie die Achsgeschwindigkeiten und Beschleunigungen ableiten. Somit wird die originale Steuerung über zwei Wege eingebunden. Die nicht zeitkritische Kommunikation erfolgt über die langsamere Cross-Schnittstelle. Die zeitkritischen Achswerte und Ausgangssignale hingegen werden über eine schnelle RPC-Schnittstelle direkt vom Grundsystem der Steuerung abgefragt.

Bewertung der Einbindung des originalen Steuerungsrechners

Die oben beschriebene Verbindung zwischen Simulation und Steuerungsrechner stellt die engste Einbindung der realen Steuerung in die Offline-Programmierung dar. Diese Lösung bringt Vor- und Nachteile mit sich. Als nachteilig erweist sich beispielsweise, daß durch das Echtzeitverhalten des Steuerungsrechners kein Zeitraffer bei der Simulation der Programme möglich ist. Darüber hinaus ist der Steuerungsrechner derzeit vorwiegend auf den interaktiven Dialog mit dem Bediener ausgelegt. Dafür entfallen alle Probleme, die auf Grund der unzureichenden Nachbildung von Steuerungsmodellen entstehen. Abweichungen zwischen Simulation und Realität werden minimiert, wodurch der Anwender die größte Sicherheit erhält, offline generierte und getestete Programme problemlos an die Anlage übertragen zu können.

5.4 Aufbau des Programmiersystems

Um den im Abschnitt 5.1 aufgeführten Anforderungen gerecht zu werden, wurde
der in Bild 5.15 dargestellte Systemaufbau erarbeitet. Die für die Offline-Programmierung benötigten Geometriedaten werden über eine VDAFS-Schnittstelle in
das System eingelesen. Dieses Schnittstellenformat wurde ausgewählt, da es sich

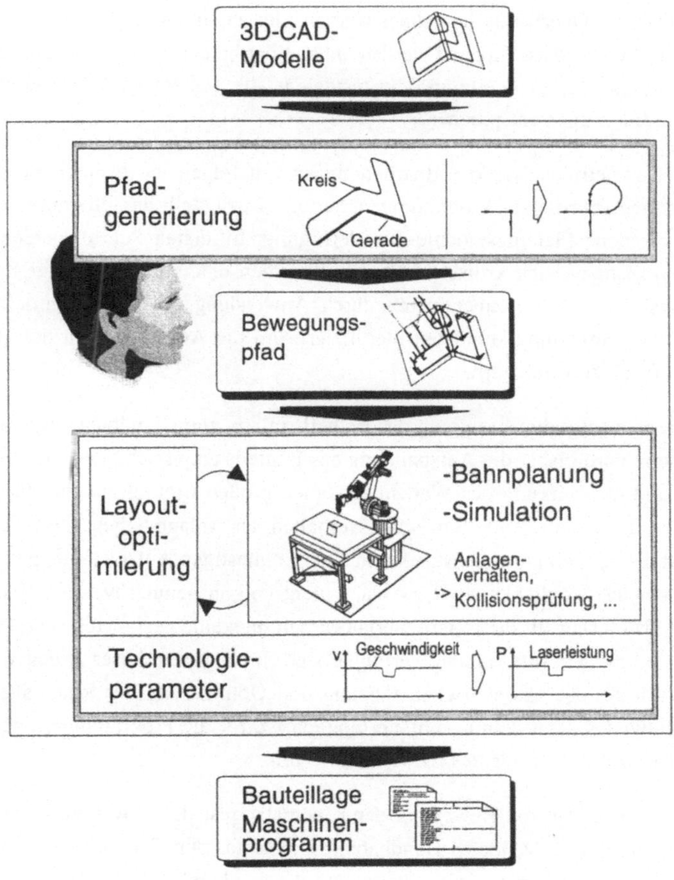

Bild 5.15: Systemkonzept für das Offline-Programmiermodul

um ein im industriellen Einsatz etabliertes Format handelt. Darüber hinaus wird die mathematische Darstellung von Kurven und Flächen nach der VDAFS-Definition, die Freiformgeometrien als Polynomkurven bzw. -flächen beschreibt, auch zur internen Abbildung der Geometrie innerhalb des Programmiersystems verwendet.

Die Programmierung beginnt mit der Generierung des Bewegungspfades. Dazu erfolgt zunächst eine geometrische Analyse der Bearbeitungsbahnen unter Verwendung des CAD-Modells, bei der die Bahnen in einzelne Punkte eingeteilt und Vektoren normal zur Oberfläche berechnet werden, die zur initialen Ausrichtung des Laserstrahls dienen. Anschließend werden anhand der berechneten Punktfolge Kurvensegmente auf der Bearbeitungsbahn festgelegt, die den Interpolationsmöglichkeiten der Steuerungen entsprechen.

Nach der Geometrieanalyse der Bearbeitungskurven folgen die technologieorientierten Planungsschritte zur Programmgenerierung. Dazu stellt das Programmiersystem verschiedene Planungsmodule zur Verfügung. Im ersten Schritt werden die Bearbeitungsbahnen nach kritischen Konturelementen untersucht und unter Zuhilfenahme geometrischer Betrachtungen durch Anwendung der in Abschnitt 2.3.3 aufgeführten Bearbeitungsstrategien modifiziert, um die Ausführbarkeit der Bearbeitungsaufgabe zu verbessern.

Anschließend erfolgt die Plazierung des Bauteils relativ zum Handhabungsgerät. In der Fertigung wird bisher die Aufspannung des Bauteils empirisch gewählt, obwohl die Lage und Orientierung des Werkstücks einen großen Einfluß auf die Zugänglichkeit und das resultierende Bewegungsverhalten der Anlage haben. Dies hat zur Folge, daß das Bauteil unter Umständen in einer ungünstigen Aufspannung gefertigt wird, bei der die Möglichkeiten der Anlage nicht voll ausgenutzt werden. Ursache hierfür ist, daß bisher für die Lasermaterialbearbeitung keine geeigneten Werkzeuge zur Optimierung der Aufspannung verfügbar sind. Im Rahmen dieser Arbeit wurde daher ein Modul zur automatischen Planung und Optimierung der Raumlage des Bauteils entwickelt, mit dem es einfach möglich ist, für die Programmoptimierung den Freiraum zur Plazierung des Bauteils zu nutzen.

Die Bahnplanung legt die Bewegung der Kinematik fest. Dazu werden unter Berücksichtigung des verwendeten Handhabungsgeräts aus den Geometrieinformationen der Bearbeitungskurven und -stützpunkte die resultierenden Achsbewegungen berechnet. Die Bahnplanung nutzt die Freiheiten zur Ausrichtung des Bearbeitungskopfes, um Kollisionen zu vermeiden und Restriktionen der Maschine zu kompensieren. Da für eine technologieorientierte Planung eine realitätsnahe Abbildung der realen Fertigungssituation erforderlich ist, sind die Planungsmodule mit einer Bewegungssimulation verknüpft. Dies ermöglicht es beispielsweise, die für die Planung unabdingbaren Kollisionsbetrachtungen durchzuführen oder dem Programmierer Informationen in räumlicher Darstellung bereit zu stellen. Zur Erhöhung der Planungssicherheit wird ferner eine leistungsfähige Nachbildung der Anlagensteuerung benötigt. Es wurde ein neuer Ansatz zur Integration des originalen Steuerungsrechners des Steuerungsherstellers verfolgt und somit ein Zugriff des Programmiermoduls auf die reale Steuerung geschaffen (vgl. Abschnitt 5.2.2.2). Mit Hilfe dieses Steuerungsmodells kann die Ausführbarkeit der Programme sicher überprüft und die Geschwindigkeiten des Bearbeitungskopfes bzw. der einzelnen Achsen genau ermittelt werden.

Der Programmierer behält die Kontrolle über die Programmgenerierung. Zum einen kann er die einzelnen Planungsmodule durch die Variation ihrer Steuerparameter gezielt beeinflussen. Zum anderen besteht die Möglichkeit, direkt in den Bearbeitungspfad einzugreifen. Die Interaktionen des Programmierers mit dem System werden durch eine grafische Benutzeroberfläche unterstützt. Sie gestattet einfache Eingaben und stellt zur Programmierung benötigte Informationen zur Verfügung.

Mit Hilfe von integrierten Postprozessoren erfolgt schließlich die Umsetzung der systeminternen Bahninformationen in die Syntax der verwendeten Steuerung. Dadurch können die vom Programmiersystem erzeugten Programme direkt an die Anlage übertragen werden.

An dieser Stelle sei darauf hingewiesen, daß ergänzend zu dieser Arbeit weitere Algorithmen zur technologieorientierten Bahnplanung für die 3D-Laserstrahlbearbeitung entwickelt wurden *(Backes 1997b)*. Die Bahnplanung wird in dieser Arbeit daher nur insoweit behandelt, wie es für die Durchgängigkeit des Gesamtkonzeptes nötig ist.

5.5 Generierung des Bewegungspfades

Im Programmiersystem muß zunächst aus den CAD-Kurven ein Bewegungspfad für den Bearbeitungskopf generiert werden, der Informationen über die zusätzlich für die Programmausführung benötigten Verfahranweisungen und die Ausrichtung des Bearbeitungskopfes enthält.

Der Bewegungspfad wird in den zwei Schritten Geometrieanalyse und Festlegen des initialen Bewegungspfades bestimmt (Bild 5.16).

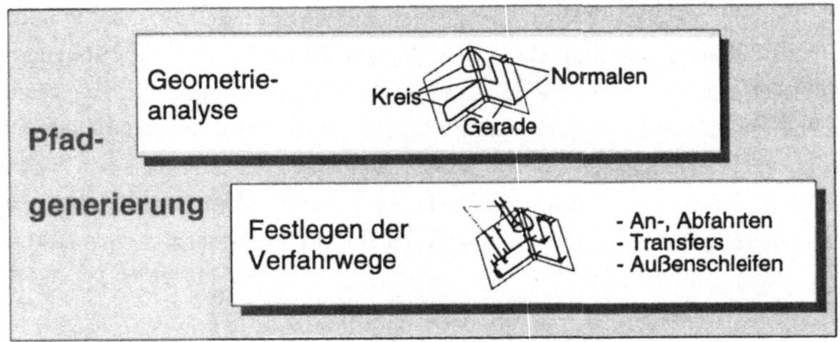

Bild 5.16: Schritte zu Generierung des Bewegungspfades

5.5.1 Geometrieanalyse der Bearbeitungskontur

Bei den importierten Bearbeitungskonturen handelt es sich in der Regel um allgemeine Raumkurven, die nach der VDAFS-Definition als Polynomfunktionen der Form

$$r(t) = \begin{pmatrix} x(t) \\ y(t) \\ z(t) \end{pmatrix} = \begin{pmatrix} x_0 + x_1 \cdot t + x_2 \cdot t^2 + \ldots + x_n \cdot t^n \\ y_0 + y_1 \cdot t + y_2 \cdot t^2 + \ldots + y_n \cdot t^n \\ z_0 + z_1 \cdot t + z_2 \cdot t^2 + \ldots + z_n \cdot t^n \end{pmatrix} \qquad \text{(Gl. 5.1.)}$$

dargestellt werden.

Das Programmiersystem muß aber für die Programmerzeugung Kurvenbeschreibungen nutzen, die den Interpolationsmöglichkeiten der Steuerung entsprechen. Wie bereits in Abschnitt 2.2.2 dargelegt wurde, sind für Portalanlagen mit NC-Steuerungen Linear- und Splinesegmente für beliebige Raumkurven sowie Kreisbögen in Ebenen möglich, wohingegen für Roboter gemeinhin Linear- und Kreissegmente benötigt werden.

Da im allgemeinen die Darstellung der importierten Bearbeitungskurven nicht den Interpolationsmöglichkeiten der verwendeten Steuerung entspricht, werden die Bearbeitungskurven analysiert und deren Verlauf mit Hilfe von Kurvensegmenten wiedergegeben, die mit den Interpolationsarten der Steuerung korrespondieren. *Schwarz (1994)* beschreibt ein Verfahren zur Approximation von Splines mit Geraden- und Kreissegmenten durch Analyse der Kurvenkrümmungen. Dabei wird ein Spline in Punkte mit jeweils konstantem Abstand diskretisiert und an den Punkten die lokale Krümmung des Splines berechnet. Aufeinanderfolgende Bereiche, die sich in ihrer lokale Krümmung nur wenig unterscheiden, können dann zu Kreisen oder Geraden zusammengefaßt werden.

Das in das Programmiersystem integrierte Verfahren *(Reinhart et al. 1995b)* bietet den Vorteil, daß sich der Zwischenschritt der Splineberechnung erübrigt, da es auf der Analyse einer Punktfolge beruht. Ausgehend von diskreten Punkten, die den Kurvenverlauf wiedergeben, werden sukzessive neue Konturelemente zur Bearbeitungsbahn hinzugefügt. Die Auswahl der Kontursegmente erfolgt nach den Kriterien, eine maximale Anzahl von Punkten zu approximieren und zugleich eine maximal zulässige Abweichung bzw. einen maximalen Übergangswinkel einzuhalten. Die Punkte werden zunächst durch Geraden und Kreisbögen angenähert und anschließend, wenn eine Splineinterpolation gefordert ist, Splinesegmente berechnet.

Um eine Analyse der Bearbeitungsbahnen durchführen zu können, muß aus den Polynomkurven eine Punktfolge generiert werden. Zur Anpassung der Anzahl der diskreten Punkte an den Kurvenverlauf, erfolgt ihre Berechnung in Abhangigkeit der Krümmung (Bild 5.17).

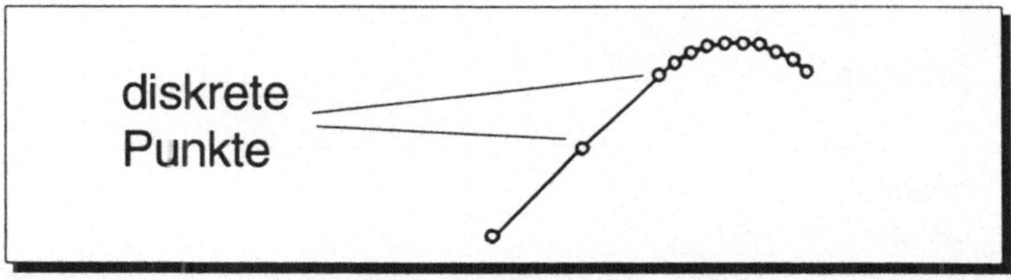

Bild 5.17: Krümmungsabhängige Diskretisierung von Raumkurven

Bei Raumkurven in Parameterform

$$r(t) = \begin{pmatrix} x(t) \\ y(t) \\ z(t) \end{pmatrix}, \quad t \in I; \quad \dot{r}(t) = \frac{d}{dt} r(t); \quad \ddot{r}(t) = \frac{d^2}{dt^2} r(t) \qquad \text{(Gl. 5.2.)}$$

errechnen sich Tangente $T(t)$, Krümmung $\kappa(t)$ und Bogenlänge $s(t)$ der Kurve nach

$$T(t) = \frac{\dot{r}(t)}{|\dot{r}(t)|} \,, \quad \kappa(t) = \frac{|\dot{r}(t) \times \ddot{r}(t)|}{|\dot{r}|^3} \quad \text{und} \quad s(t) = \int_a^t |\dot{r}(t)dt| \,. \qquad \text{(Gl. 5.3.)}$$

Zur Berechnung der einzelnen Punkte wird das Produkt aus Krümmung und Bogenlänge so lange aufsummiert, bis ein kritischer Wert w_{krit} überschritten wird.

$$\sum (\kappa(i) \cdot ds(i)) > w_{krit} \quad , \quad mit \quad ds(i) = r(i) - r(i-1) \qquad \text{(Gl. 5.4.)}$$

Zusätzlich werden am Anfang bzw. Ende von Geraden Punkte gesetzt und durch Betrachtung der Tangenten an den Kurvenübergängen der VDAFS-Kurve unstetige Tangentenübergänge gekennzeichnet (Bild 5.18), um Ecken sicher identifizieren zu können. Optional kann ein Längenkriterium angegeben werden, um einen Punkt zu erzwingen. Des weiteren werden während der Geometrieanalyse in den Bahnpunkten Normalen auf die Bauteiloberfläche berechnet, die zur Vororientierung der Bearbeitungsdüse dienen.

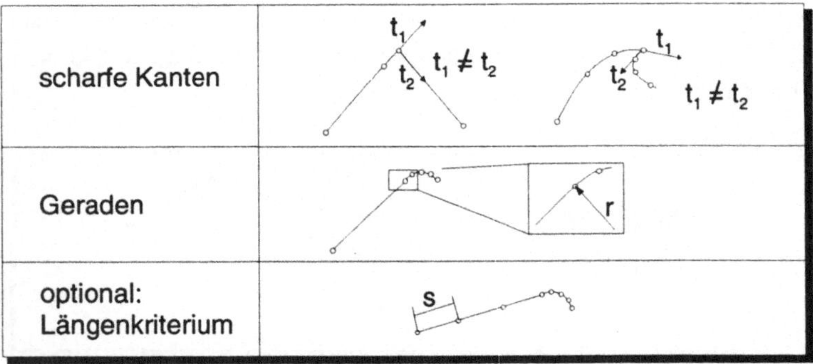

Bild 5.18: Nebenbedingungen zur Diskretisierung der Bearbeitungskonturen

5.5.2 Festlegen der Verfahrwege

5.5.2.1 Verfahrwege

Aus den Kurvensegmenten wird anschließend ein Bewegungspfad für den Bearbeitungskopf generiert, der die zur Fertigung benötigten Verfahranweisungen enthält. Der Bewegungspfad wird durch eine Folge von Zielframes, die die Lage und Orientierung des Werkzeugs am Ende eines Bahnsegments wiedergeben, und der Bewegungsart auf dem Segment beschrieben und umfaßt neben der eigentlichen Bearbeitungsbahn noch zusätzliche Verfahrwege.

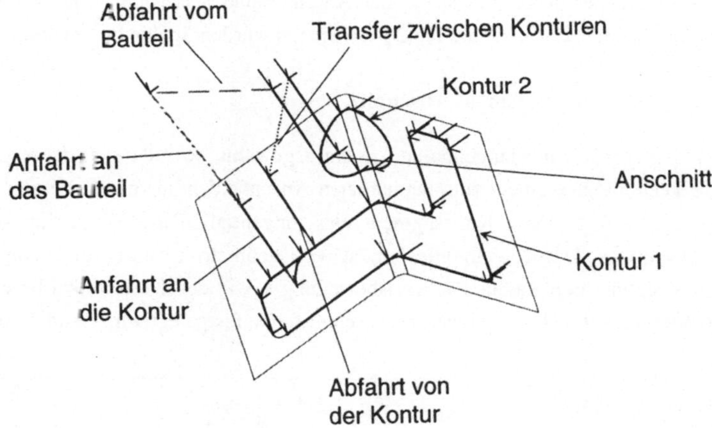

Bild 5.19. Verfahrwege bei der Bearbeitung

So muß der Bearbeitungskopf zu Beginn der Bearbeitung an das Bauteil herangeführt und am Ende der Bearbeitung wieder vom Bauteil weggeführt werden, um dem Anlagenbediener das Wechseln der Bauteile zu ermöglichen. Ebenso ist beim Laserstrahlschneiden, wie in Abschnitt 2.3.3.1 beschrieben, am Anfang einer Bearbeitungskontur eine Anschnittfahne von Vorteil, damit das kritische Einstechen und das Beschleunigen der Achsantriebe außerhalb der Sollbahn erfolgt. Ferner werden Transferbewegungen benötigt, wenn mehrere Bearbeitungsbahnen gefertigt werden. Auch hier ist ein Rückzug des Bearbeitungskopfes zu Beginn des Transfers und eine sichere Annäherung an die neue Bearbeitungskontur nötig, um Kollisionen zwischen Kopf und Bauteil zu vermeiden. Bild 5.19 gibt einen Überblick über die im allgemeinen bei einer Bearbeitung auftretenden Verfahrwege.

5.5.2.2 Technologieelemente

Fest definierte Bearbeitungselemente, wie die Anschnittfahnen, werden innerhalb des Programmiersystems als sogenannte Technologieelemente verwaltet. Technologieelemente sind objektorientierte Makros, die sowohl die für sie relevanten geometrischen und technologischen Informationen als auch die zu ihrer Handhabung benötigten Informationen mit sich führen. Mit Hilfe der Technologieelemente wird die Anwendung der Bearbeitungsstrategien Anschnitt und Bearbeitung von Ecken, die in den Abschnitten 2.3.3.1 und 2.3.3.2 beschrieben wurden, maßgeblich vereinfacht.

5.5.2.2.1 Technologieelement Anschnitt

Wird beispielsweise ein tangentialer Anschnitt gewählt, so setzt sich das entsprechende Technologieelement zum tangentialen Anschneiden aus einer linearen Verfahrbewegung und einem Kreissegment, das tangential in die Bearbeitungsbahn führt, zusammen. Das Technologieelement wird geometrisch durch die Länge der Linearbewegung, den Radius der Kreisbewegung sowie den Kreiswinkel beschrieben, womit auch die Gesamtlänge der Anschnittfahne festgelegt wird (Bild 5.20).

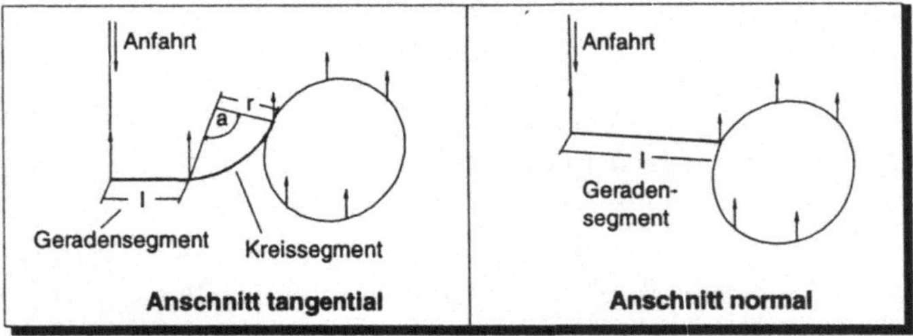

Bild 5.20: Beispiele für das Technologieelement zum Anschneiden

Die Gesamtlänge der Anschnittfahne ist ein wichtiger Parameter für das Anschneiden. Sie sollte so ausgelegt werden, daß unter Berücksichtigung der möglichen Beschleunigung der Maschine am Ende der Anschnittbewegung die für die Bearbei-

tung festgelegte Geschwindigkeit erreicht wird. Ferner zählen zu den Technologieinformationen die Anweisungen zur Steuerung des Lasers, der Prozeßgase sowie
der Abstandssensorik.

Zu den Informationen zur Handhabung der Makros zählen vorausgehende bzw.
nachfolgende Bearbeitungssegmente sowie die für das Makro zur Verfügung stehenden Bearbeitungsroutinen. Dazu gehört ein makrospezifischer Dialog für die
Interaktionen durch den Bediener, mit dessen Hilfe dieser einfach das jeweilige
Technologieelement verändern oder ersetzen kann. So läßt sich beispielsweise
leicht ein tangentialer Anschnitt in einen Anschnitt normal zur Bearbeitungskontur
(Bild 5.20) oder auf der Bearbeitungskontur umdefinieren.

Die automatische Auswahl der Anschnittstrategie durch das System erfolgt abhängig vom Bearbeitungsfall. Tabelle 5.1 gibt einen Überblick über verschiedene Bearbeitungsfälle und die zugehörigen Anschnittstrategien.

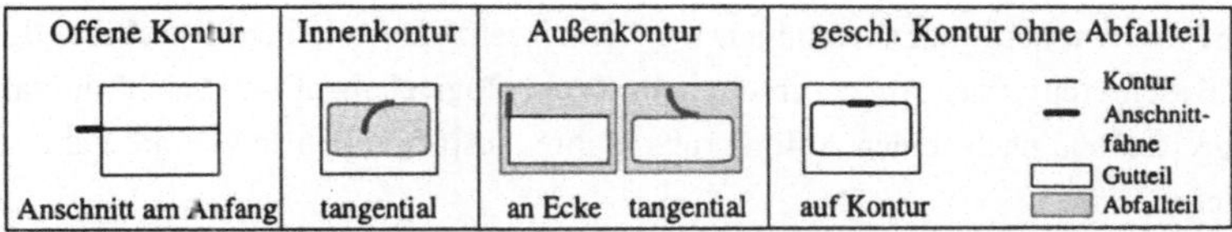

Tabelle 5.1: Verschiedene Bearbeitungsfälle und zugehörige Anschnittstrategien

5.5.2.2.2 Technologieelement Ecke

Neben den Anschnittfahnen wurden Strategien zur Bearbeitung von Ecken als
Technologieelemente in das System integriert. Wie bereits in Abschnitt 2.3.3.2 dargelegt, werden Außenschleifen gesetzt, um Ecken im Konturverlauf bearbeiten zu
können, ohne daß es zu einem Stillstand des Bearbeitungskopfes kommt.

Bei der Analyse der Bearbeitungskonturen werden scharfe Ecken automatisch de-
tektiert und ihnen das Technologieelement zur Bearbeitung von Ecken zugewiesen.
Das Technologieelement stellt drei Ausprägungen zur Verfügung, die in Bild 5.21
dargestellt sind. Beim Genauhalt wird der Eckpunkt ohne Überschleif angefahren.
Da dabei der Bearbeitungskopf zum stehen kommt, sollte diese Ausprägung möglichst vermieden werden. Des weiteren kann das Technologieelement die Form einer zirkularen Außenkontur annehmen, die in der Regel zu empfehlen ist und daher
standardmäßig verwendet wird. Ebenso ist eine lineare Außenkontur möglich. Beide
Ausprägungen werden mit Überschleif gefahren. Beschreibende Parameter sind die
Längen der linearen Verlängerungen in den Ecken sowie die Art der Lasersteuerung.

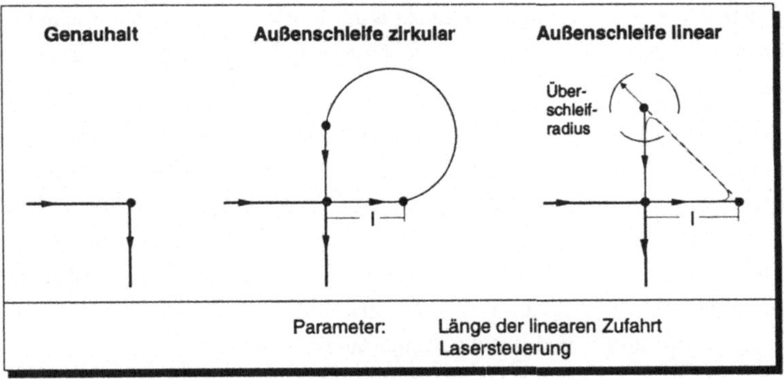

Bild 5.21: Technologieelement Ecke

Der Programmierer kann auch hier, wie beim Technologieelement Anschnitt, durch die Beschreibung der Außenschleifen als Technologieelement sehr leicht interaktiv eingreifen und nach seinen Anforderungen ihre Ausprägungen sowie ihre Parameter ändern.

5.6 Voranpassung des Bewegungspfads

Nach der Festlegung der Verfahrwege erfolgt eine Voranpassung des Bewegungspfades.

5.6.1 Verringerung von Orientierungsänderungen

In Abschnitt 2.3.3.3 wurde bereits beschrieben, wie die Bearbeitungsgeschwindigkeit absinkt, wenn der Bearbeitungskopf auf kurzen Wegstrecken zu stark umorientiert werden muß (Bild 5.22a). Abhilfe kann hier geschaffen werden, indem das Werkzeug vorausschauend angestellt wird. Voraussetzung dazu ist, daß die kritischen Konturelemente bekannt sind.

Bei bereits berechneten Programmsequenzen können kritische Bereiche durch Betrachtung der Bearbeitungsgeschwindigkeit im Tool-Center-Point des Werkzeugs erkannt werden. Nachteilig ist jedoch, daß dazu aufwendige Rechenschritte nötig sind. Kritische Konturbereiche lassen sich aber auch durch geometrische Betrachtungen eingrenzen. Ebenso ist es möglich, unter geometrischen Gesichtspunkten die

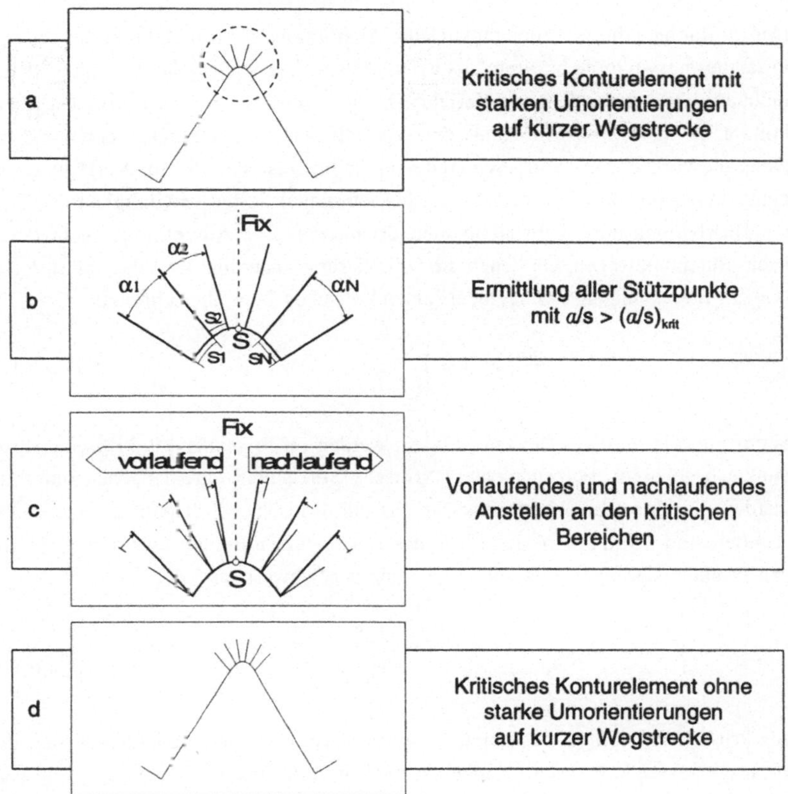

Bild 5.22: Reduzierung der Orientierungsänderung an kritischen Konturelementen

Orientierungsvektoren in den Bearbeitungsstützpunkten am Ende eines Bahnsegmentes effizient vorab anzustellen, um später den Aufwand zur feinen Anpassung der Orientierung unter Betrachtung der Anlage zu begrenzen.

Backes (1997b) beschreibt einen Ansatz zum detektieren kritischer Kurvenbereiche, der auf einer Analyse des Krümmungsverlaufs der Bearbeitungsbahn beruht. Dabei werden die Krümmungsänderungen in Bearbeitungsrichtung betrachtet, so daß sich mit diesem Verfahren kritische Konturbereiche ermitteln lassen, bei denen die Änderung der Flächennormalen analog zur Krümmungsänderung der Bahn in Bewegungsrichtung erfolgt.

Der im Rahmen dieser Arbeit entwickelte Algorithmus betrachtet direkt die von den Orientierungsvektoren bestimmte Ausrichtung des Bearbeitungskopfes und ist daher nicht auf Umorientierungen in Verfahrrichtung beschränkt. Bei einem Bahnsegment kommt es zu einer Absenkung der tatsächlichen Bearbeitungsgeschwindigkeit, wenn die vorgegebene Sollgeschwindigkeit so hoch ist, daß die zur Verfügung stehende Wegstrecke nicht ausreicht, um bei konstanter Sollgeschwindigkeit des TCP die Bearbeitungsdüse vollständig umzuorientieren. Der Algorithmus sucht daher nach Stützpunktfolgen, bei denen die Orientierungsänderung der Vektoren in Relation zur Streckenlänge des Segments einen kritischen Wert überschreitet:

$$\frac{\alpha}{s} > \left(\frac{\alpha}{s}\right)_{kritisch}. \qquad \text{(Gl. 5.5.)}$$

Segmente, die dieses Kriterium erfüllen, werden im folgenden als kritische Stützpunkte bezeichnet. Folgen mehrere kritische Stützpunkte direkt nacheinander, so werden die einzelnen Punkte markiert bis alle kritischen Stützpunkte einer Reihe ermittelt sind (Bild 5.22b). Innerhalb des eingegrenzten Bereichs werden die relativen Winkeländerungen aufaddiert und damit der Schwerpunkt

$$s_{Schwerpunkt} = \frac{\sum_{i} s_i}{2} \qquad \text{(Gl. 5.6.)}$$

des kritischen Bereichs bestimmt. Ausgehend vom Schwerpunkt können nun die vorausgehenden bzw. nachfolgenden kritischen Stützpunkte solange angestellt werden, bis die relative Orientierungsänderung den kritischen Wert $\left(\alpha/s\right)_{Kritisch}$ unterschreitet oder der maximal erlaubte Anstellwinkel erreicht wird (Bild 5.22c). Dadurch werden Bereiche mit anfangs kritischen Orientierungsänderungen entschärft (Bild 5.22d).

5.6.2 Kollisionsvermeidung

Geschwindigkeitseinbrüche bei kritischen Konturelementen beeinträchtigen bereits die Bearbeitung. Unmöglich wird aber die Bearbeitung des Bauteils, wenn Kollisionen zwischen der Anlage und dem Bauteil oder der Peripherie auftreten. Daher müssen Kollisionen erkannt und mit Hilfe entsprechender Strategien umgangen werden.

Voraussetzung für eine umfassende Kollisionskontrolle ist, daß alle kollisionsgefährdeten Objekte der Anlage und ihrer Umgebung im Simulationsmodell abgebildet sind. Zudem müssen während der Bahnplanung entlang des gesamten Bearbeitungspfades die einzelnen Stellungen der Kinematik auf Kollisionen geprüft werden. Da aber insbesondere bei der Optimierung der Aufspannung eine Vielzahl von Kollisionsprüfungen erforderlich sind, mußte ein effizienter Ansatz zur Kollisionskontrolle entwickelt werden.

Allgemein kann man bei Einsatz einer rotationssymmetrischen Bearbeitungsdüse auftretende Kollisionen in zwei Kategorien einteilen. Zum einen sind dies Kollisionen mit der rotationssymmetrischen Düse und zum anderen Kollisionen mit dem restlichen Bearbeitungskopf und den Roboterarmen. Diese Unterscheidung gewinnt dadurch an Bedeutung, daß sich die Stellung der Roboterarme zum Bauteil und zur Umgebung ändert, wenn das Bauteil eine neue Lage relativ zum Knickarmroboter einnimmt oder die Bearbeitungsdüse um die Strahlachse gedreht wird. Die Lage der rotationssymmetrischen Düse relativ zum Bauteil hingegen bleibt bei gleicher Ausrichtung der Stützpunkte konstant.

Wird die Bearbeitung des Bauteils in verschiedenen Werkstücklagen getestet, wie dies bei der Optimierung der Aufspannung geschehen muß, können aufwendige Kollisionstests und Ausweichbewegungen während der Bahnplanung eingespart werden, wenn man bereits vorher den rotationssymmetrischen Teil des Bearbeitungskopfes auf Kollisionen mit dem Bauteil prüft.

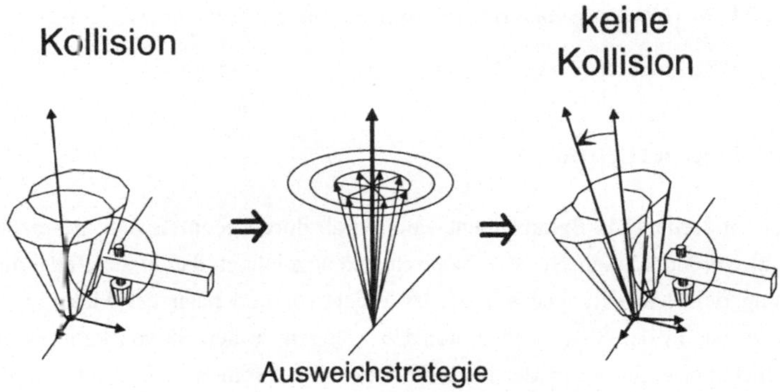

Bild 5.23: Vermeidung von Kollisionen durch automatisches Anstellen des Bearbeitungskopfes

Daher wird vor der eigentlichen Bahnplanung nur der rotationssymmetrische Teil der Düse entlang des Bearbeitungspfades geführt und auf mögliche Kollisionen untersucht. Kommt es zu einer Kollision, helfen spezielle Strategien, diese zu umgehen. An den kollisionsbehafteten Stellen des Bearbeitungspfades werden neue Stützpunkte eingefügt und die Düse so zentrisch um die ursprüngliche Ausrichtung angestellt, daß keine Kollision mehr auftritt (Bild 5.23).

Die Überprüfung des Pfades auf Kollisionsfreiheit erfolgt mit einer Düsengeometrie, die durch Rotation der gekippten Bearbeitungsdüse entsteht (Bild 5.24). Dadurch wird entlang des Bearbeitungspfades ein größerer Bereich auf Kollisionsfreiheit getestet, der später zur Feinoptimierung der Bahn genutzt wird.

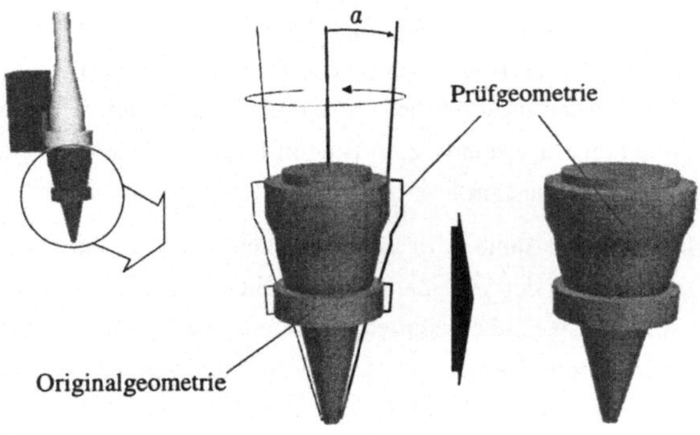

Bild 5.24: Neue Düsengeometrie zur vorausgehenden Kollisionsprüfung

5.6.3 Sickenerkennung

Sicken sind ebenfalls Bahnelemente, die vorab durch geometrische Betrachtungen erkannt werden können. Sie sind dadurch gekennzeichnet, daß in der Regel die Ausrichtung der Bearbeitungsdüse auf das Blech vor und nach der Sicke annähernd konstant ist. In der Sicke und in den Übergängen zu den Sicken kann es aber zu starken Umorientierungen der Normalenvektoren kommen, die zu einer unruhigen Bewegung des Bearbeitungskopfes führen.

Der entwickelte Algorithmus zur Sickenerkennung sucht daher nach Bahnsegmenten, bei denen der Bearbeitungskopf auf kürzeren Strecken seine Orientierung ändert und dann wieder auf die ursprüngliche Orientierung zurückkehrt (Bild 5.25).

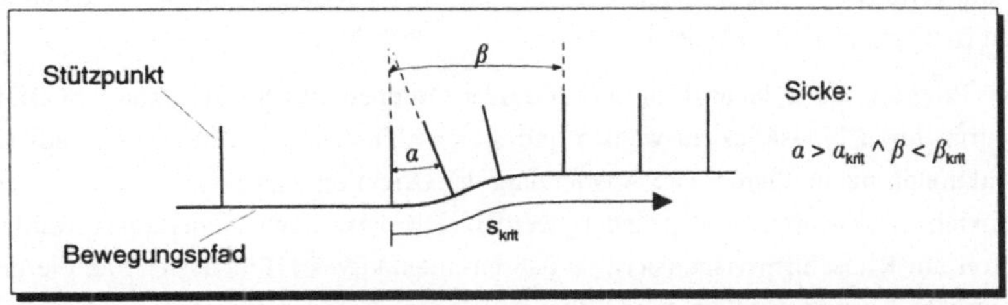

Bild 5.25: Automatische Sickenerkennung

Da, wie in Abschnitt 2.3.3.4 beschrieben wurde, bei Einsatz einer Abstandssensorik die Sickenkontur nicht exakt programmiert werden muß, wird nun automatisch, sofern es der Schneidprozeß zuläßt, auf diesen Bahnsegmenten der Bearbeitungskopf derart angestellt, daß die Sicken ohne unnötige Kopfbewegungen bearbeitet werden. Dadurch wird ein ruhiger Bearbeitungsablauf sichergestellt und das Bewegungsverhalten der Anlage deutlich verbessert. (Bild 5.26).

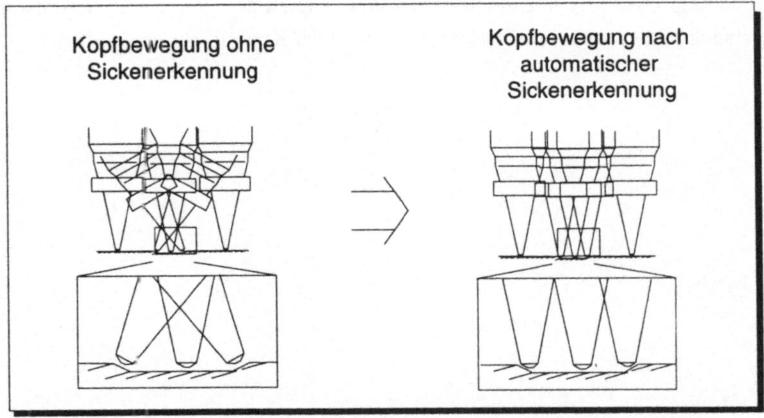

Bild 5.26: Verbesserte Bewegungsführung durch Berücksichtigung von Sicken

5.6.4 Manuelles Anstellen

Neben den Automatismen zum Anstellen der Bearbeitungsdüse besitzt der Programmierer ebenso die Möglichkeit, durch interaktive Manipulation der Stützpunkte den Bewegungspfad zu ändern.

Der Programmierer kann dazu einzelne oder Gruppen von Stützpunkten am Bildschirm durch Mausklick auswählen und sie anschließend mit Hilfe verschiedener Funktionen manipulieren. Die Ausrichtung der Orientierungsvektoren in den Stützpunkten kann stufenweise geändert werden. Die jeweiligen Änderungen werden sofort am Bildschirm visualisiert, so daß ein interaktives „Herantasten" an die gewünschte Lösung möglich wird. Ebenso können die Anstellwinkel des Bearbeitungskopfes numerisch eingegeben werden. Darüber hinaus besteht die Möglichkeit, innerhalb einer Gruppe von Stützpunkten die Ausrichtung der Orientierungsvektoren zwischen dem ersten und dem letzten Stützpunkt der Gruppe zu interpolieren.

Somit wird dem Programmierer neben der Konfigurierbarkeit der Planungsmodule die Möglichkeit geboten, auch direkt in den Bewegungspfad eingreifen zu können. Dies bietet sich beispielsweise dann an, wenn auf Teilstücken der Bearbeitungsbahn ein schräger Gehrungsschnitt gefordert wird, bei dem die Bearbeitungsdüse lateral zur Bewegungsrichtung anzustellen ist. Ebenso können die Planungsalgorithmen vom Benutzer unterstützt werden, wenn er in kollisionsgefährdeten Bereichen die Bearbeitungsdüse bereits grob ausrichtet und dadurch den nötigen Rechenaufwand für eine anschließende automatische Anpassung der Kopforientierung reduziert.

5.7 Layoutoptimierung und Bahngenerierung

Im nächsten Schritt wird, gestützt auf eine realitätsnahe Simulation der Anlage, die Aufspannung des Bauteils und die Bewegung des Handhabungsgerätes optimiert (Bild 5.27).

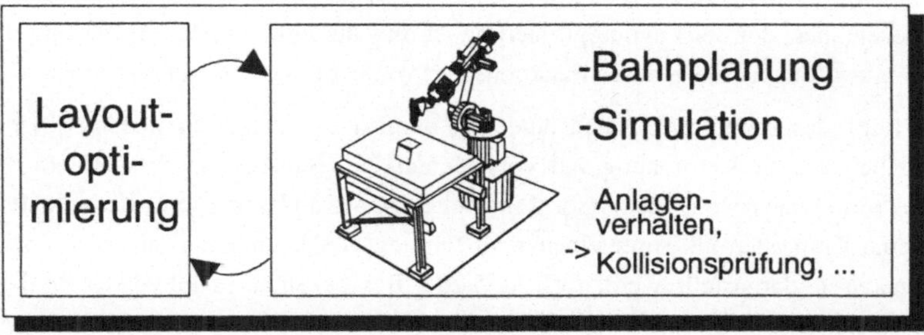

Bild 5.27: Optimierung des Bewegungspfads durch Layout- und Bahnplanung

Die Lage des Bauteils relativ zur Bearbeitungsmaschine hat direkt Auswirkung auf die Erreichbarkeit des Bauteils, das Bewegungsverhalten des Handhabungsgeräts und die Kollisionsgefahr. Ziel der automatischen Bauteilplazierung ist es daher, eine für die Bearbeitung möglichst günstige Bauteillage zu ermitteln, so daß die Erreichbarkeit aller Bearbeitungspunkte sichergestellt und das resultierende Bearbeitungsprogramm optimiert wird. Aufgrund des komplexen Zusammenhangs zwischen der Lage des Bauteils und dem Bewegungsverhalten der Anlage erfolgt die Optimierung der Werkstücklage mit Hilfe numerischer Optimierungsverfahren.

5.7.1 Optimierungsverfahren

Optimierungsaufgaben lassen sich nach verschiedenen Kriterien einteilen. Als Unterscheidungsmerkmal kann beispielsweise die Zahl der Freiheitsgrade dienen oder die Art der zu lösenden Systeme, die in lineare oder nichtlineare Systeme eingeteilt werden können. Allgemein läßt sich eine Optimierungsaufgabe als

$$f(x_1,\ldots,x_n) \quad \rightarrow \quad Optimum,$$

mit den Nebenbedingungen

$$g_i(x_1,\ldots,x_n) \quad > \quad b_i$$

darstellen.

Die Funktion f(**x**) wird als Zielfunktion oder Gütekriterium der Optimierungsaufgabe bezeichnet. Bei der Layoutoptimierung ist dies die Funktion zur Bewertung der gewählten Aufspannung, deren Funktionswert von der Lage des Bauteils abhängt.

Die Lage des Bauteils läßt sich eindeutig durch eine Transformationsmatrix beschreiben, die die Verdrehung und Verschiebung des Bauteils relativ zu einem Bezugskoordinatensystem wiedergibt. Eine beliebige Verdrehung zweier Koordinatensysteme kann auch als Hintereinanderausführung von Drehungen um die Koordinatenachsen dargestellt werden (Bild 5.28). Bei bekannter Drehvorschrift, beispielsweise nach Cardanus Drehung um die x-Achse mit Winkel α, um die y-Achse mit β und schließlich um die z-Achse mit γ, kann die Verdrehung eines Koordinatensystems durch die Drehwinkel α, β, und γ angegeben werden. Zusammen mit einer Translation entlang des Vektors (x, y, z) ergeben sich so bis zu sechs Parameter (x, y, z, α, β, γ) für die Plazierung des Bauteils.

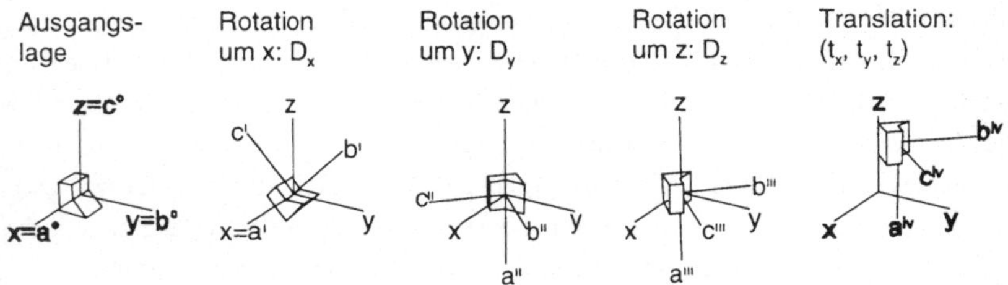

Bild 5.28: Beschreibung einer allgemeinen Transformation mit Hilfe von Rotation und Translation um die bzw. entlang der Basisachsen

Die Optimierung der Bauteillage stellt demnach in der Regel eine mehrdimensionale Optimierungsaufgabe dar, deren Gütekriterium nicht linear von den Freiheitsgraden des Bauteils abhängt und die sich nicht analytisch sondern nur numerisch lösen läßt. Im Folgenden sollen daher nur numerische Lösungsverfahren für allgemeine Systeme betrachtet werden. Hier kann man zwischen Gradientenverfahren und direkten Suchverfahren unterscheiden (Bild 5.29).

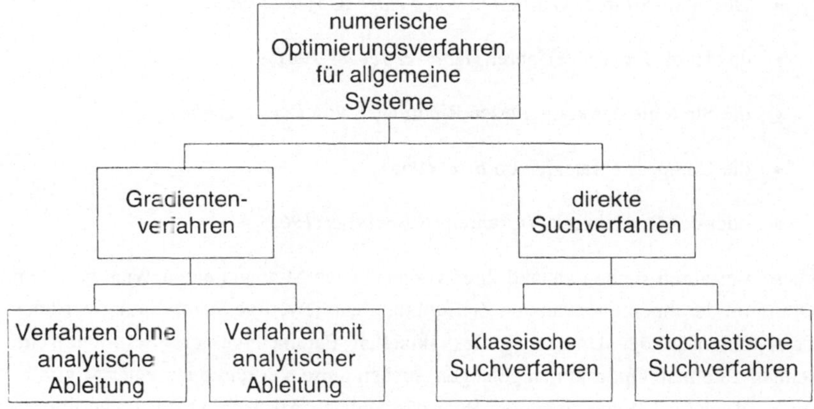

Bild 5.29: Numerische Optimierungsverfahren für allgemeine Systeme

Gradientenverfahren

Gradientenverfahren nutzen nicht nur die Kenntnis der Funktionswerte der zu optimierenden Zielfunktion sondern werten auch deren Gradienten aus. Der Gradient kann entweder analytisch oder, wenn dies nicht möglich bzw. erwünscht ist, numerisch berechnet werden. Gradientenverfahren konvergieren bei nicht extrem unstetigen Funktionen schneller als Verfahren der direkten Suche. Allerdings ist in der Regel der Aufwand zur Berechnung des Gradienten sehr hoch. Aus diesem Grund werden diese Verfahren im folgenden nicht näher betrachtet.

Direkte Suchverfahren

Verfahren der direkten Suche bieten sich für die Optimierung nichtlinearer, nicht differenzierbarer Zielfunktionen an, da sie nur auf Basis des Parametervektors und des zugehörigen Funktionswertes der Zielfunktion arbeiten. Den Kern der direkten Suchverfahren bildet eine für das Verfahren typische Strategie zur Variation des Parametervektors. Ist ein neuer Parametervektor bestimmt, muß entschieden werden, ob der neu abgeleitete Parametervektor für das weitere Vorgehen akzeptiert wird oder nicht.

Zu den klassischen Verfahren der direkten Suche zählen das

- Downhill-Simplex-Verfahren von *Nelder & Mead (1965)*,

- das Hook-Jeeves-Verfahren *(Hook & Jeeves 1961)*,

- die Strategie der konjugierten Richtungen von *Powell (1964)*,

- die Complex-Strategie von *Box (1965)*,

- oder das Rosenbrock-Verfahren *(Rosenbrock 1960)*.

Diese Verfahren suchen anhand ihrer vorgegebenen Strategie einen Weg zu einem Optimum der ihnen unbekannten Zielfunktion. Die jeweilige Suchrichtung wird aus Testpunkten in der Umgebung des aktuellen Parametervektors bestimmt. Um schnell zu einem Optimum zu gelangen, suchen diese Verfahren bei einer Minimierungsaufgabe im allgemeinen den Weg des steilsten Abstiegs. Daher ist bei diesen Verfahren die Gefahr relativ groß, daß sie nicht in das globale Optimum konvergieren, sondern in ein nähergelegenes lokales Optimum.

Dies ist ein Grund, weswegen für die Parameteroptimierung direkte stochastische Suchverfahren zunehmend an Bedeutung gewinnen. Bei ihnen ist die Wahrscheinlichkeit, das globale Optimum zu finden oder einen Bereich einzugrenzen, in dem dieses mit hoher Wahrscheinlichkeit liegt, höher. Zu den direkten, stochastischen Suchverfahren gehört die Klasse der evolutionären Algorithmen. Sie umfaßt die Optimierungsverfahren nach dem Vorbild der biologischen Evolution. Zu den bedeutendsten Vertretern dieser Klasse zählen die Evolutionsstrategien *(Schwefel 1975)* und die genetischen Algorithmen *(Goldberg 1989, Holland 1975)*.

In der Regel beginnen die evolutionären Algorithmen mit einer zufällig erzeugten Anfangspopulation von Individuen, die jeweils einen Parametervektor im Suchraum der Optimierungsaufgabe darstellen. Die Anfangspopulation evolviert durch Rekombinations-, Mutations- und Selektionsprozesse so, daß die durchschnittliche Güte der Individuen nach und nach zunimmt. Rekombination, oft auch als Crossover bezeichnet, und Mutation sorgen dabei für die Entstehung neuer Individuen (vgl. Bild 5.30). Durch die Selektion hingegen werden bevorzugt Individuen höherer Fitneß in die Folgegeneration übernommen, so daß die Optimierung eine Richtung erhält.

Rekombination			Mutation	
x_1 y_1		y_1	1	1
x_2 y_2		y_2	0	0
x_3 y_3		x_3	1	0
x_4 y_4		x_4	1	1
x_5 y_5		x_5	0	0
x_6 y_6		y_6	1	1

Bild 5.30: Rekombinations- und Mutationsprozesse sorgen für Innovationen bei der Evolution der Population

Evolutionsstrategien und genetische Algorithmen gehen in ihrer algorithmischen Umsetzung recht unterschiedliche Wege *(Bäck et al. 1993)*. Genetische Algorithmen stellen in der Regel ihre Individuen als binäre Zeichenketten dar, so daß hier bei allgemeinen Problemstellungen die Parameterwerte codiert bzw. decodiert werden müssen. Bei Evolutionsstrategien hingegen entfällt die Codierung, da diese direkt mit den Parameterwerten arbeiten.

Den genannten stochastischen Verfahren ist gemein, daß sie die Suche nach dem Optimum von verschiedenen, meist zufällig gewählten Startpunkten des Suchraums aus beginnen. Dadurch und durch den Stochastikanteil der Algorithmen wird verhindert, daß diese Verfahren sofort in ein lokales Optimum konvergieren. Zusätzlich erhält man bei den vorgestellten Verfahren an Stelle eines einzigen Lösungsvektors eine ganze Population von Lösungsvektoren. Bei mehreren gleichwertigen Lösungen kann der Anwender dann die für ihn am besten geeignete Lösung auswählen *(Kunjur & Krishnamurty 1995)*.

5.7.2 Aufbau des Moduls zur Layoutoptimierung

Vorteil der direkten Suchverfahren ist, daß sie ohne genaue Kenntnis über die Beschaffenheit der Zielfunktion deren Gütewert optimieren können. Sie benötigen jedoch zu den entsprechend ihrer Strategie vorgegebenen Parametervektoren die jeweils zugehörigen Funktionswerte.

Es mußte daher für die Optimierung der Werkstückraumlage ein Modul entwickelt werden, das ausgehend vom Parametervektor eines Optimierungsalgorithmus das Bauteil automatisch plaziert, für die entsprechende Bauteillage den Bearbeitungsablauf plant und simuliert sowie die neue Lage des Werkstücks bewertet. Der berechnete Gütewert, der alle für die Bearbeitung relevanten Bearbeitungskriterien zusammenfaßt, kann dann als Funktionswert des Parametervektors an den Optimierungsalgorithmus zurückgegeben und von diesem zur Berechnung eines neuen Parametervektors genutzt werden. Dieser Zyklus wird solange fortgesetzt, bis ein Abbruchkriterium erreicht ist. Bild 5.31 zeigt den entsprechenden Aufbau des Moduls zur Layoutoptimierung.

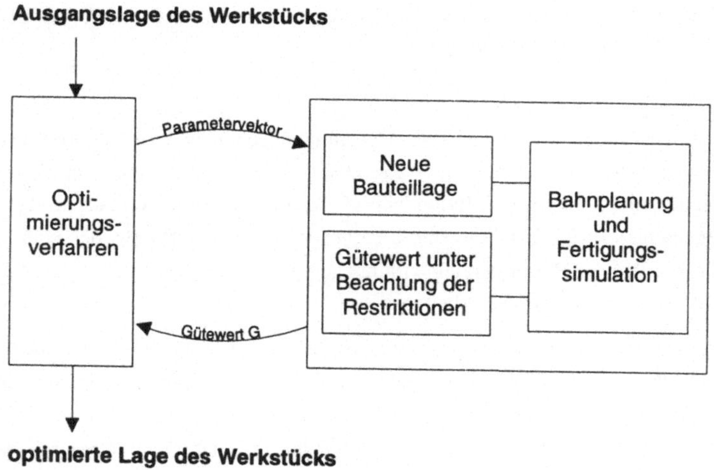

Bild 5.31: Aufbau des Moduls zur Optimierung der Bauteillage

5.7.3 Automatische Bauteilplazierung

Eine beliebige Lage des Bauteils relativ zu einem Bezugssystem kann, wie in Abschnitt 5.6.1 gezeigt wurde, durch eine Transformation aus drei Verdrehungen a, β, γ und drei Verschiebungen x, y, z , jeweils entlang der bzw. um die x-, y- und z-Achse, beschrieben werden. Für die Transformation wird ein bauteilfestes Koordinatensystem benötigt. Denkbar wäre das Koordinatensystem, bezüglich dem das

Bauteil im CAD-System konstruiert wurde. In der Automobilindustrie, in der das räumliche Laserstrahlschneiden intensiv eingesetzt wird, werden aber die einzelnen Teile der Karosserie in einem einheitlichen Fahrzeug-Koordinatensystem konstruiert. Bild 5.32 zeigt beispielsweise ein linkes hinteres Radhaus in Konstruktionslage bezüglich des CAD-Standard-Koordinatensystems. Die Wahl des CAD-Koordinatensystems zum bauteilfestem Koordinatensystem für die Optimierung hätte nun bei einer Rotation um die Koordinatenachsen neben einer Verdrehung auch einer starke Verschiebung des Bauteils zur Folge.

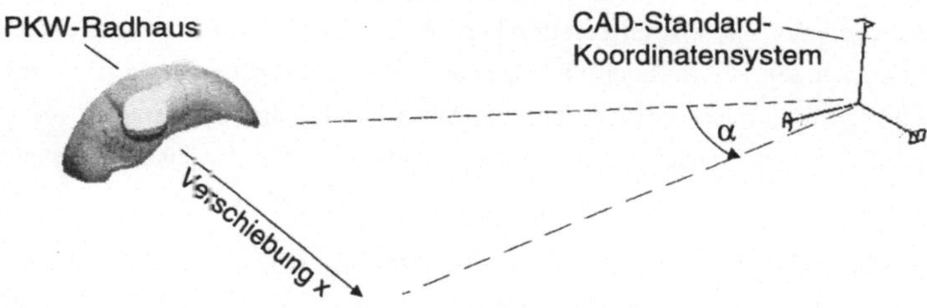

Bild 5.32: CAD-Konstruktionslage eines hinteren PKW-Radhauses

Um dies zu vermeiden, wird ein weiteres bauteilfestes Koordinatensystem eingeführt, im folgenden als Optimierungssystem bezeichnet (Bild 5.33), dessen Nullpunkt den Drehpunkt für die Rotation des Bauteil festlegt. Seine Lage kann vom Bediener frei bestimmt werden.

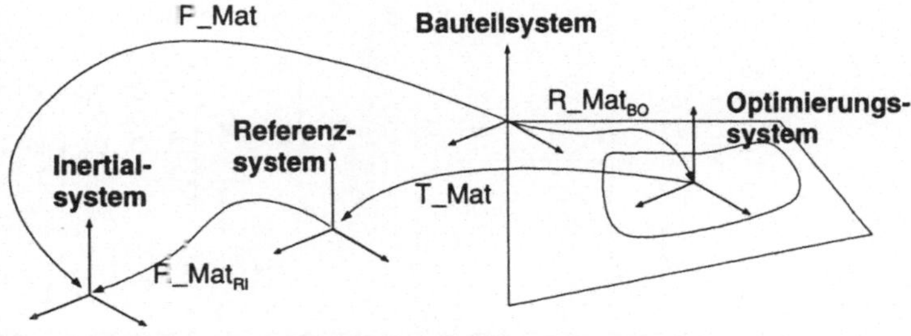

Bild 5.33: Das bauteilfeste Optimierungssystem legt den Drehpunkt für die Rotation
fest

Durch die Einführung eines zusätzlichen Referenzsystems kann zudem die Nullage des Bauteils neu festgelegt werden. Eine neue Positionsmatrix des Bauteils berechnet sich somit aus der sich ändernden Transformation des Optimierungssystems gegenüber dem Bezugssystem und der festen Transformation gegenüber dem Bauteilkoordinatensystem,

$$P\_Mat = R\_Mat_{BO} \cdot T\_Mat \cdot R\_Mat_{RI} \qquad \text{(Gl. 5.7.)}$$

Bei freier Plazierung des Bauteils im Suchraum, ergibt sich eine Optimierungsaufgabe mit sechs Parametern. Es kann aber durchaus gefordert sein, die Freiheiten zur Plazierung des Bauteils einzuschränken. Wenn beispielsweise bereits eine Vorrichtung vorhanden ist, die noch nicht auf dem Bearbeitungstisch fixiert wurde, ergibt sich für die Layoutoptimierung die Anforderung, die Vorrichtung mit dem Bauteil auf dem Arbeitstisch nur zu verschieben bzw. nur in der Tischebene zu verdrehen.

Die Schnittstelle zwischen Optimierungsalgorithmus und Planungsmodul wurde daher so gestaltet, daß der Bediener die Freiheitsgrade des Werkstücks auswählen kann. Werden nicht alle Freiheitsgrade zur Optimierung freigegeben, dann arbeiten die Optimierungsalgorithmen mit verkürzten Parametervektoren (Bild 5.34). Dies wird entsprechend beim Aufbau der Transformationsmatrix des Werkstücks berücksichtigt.

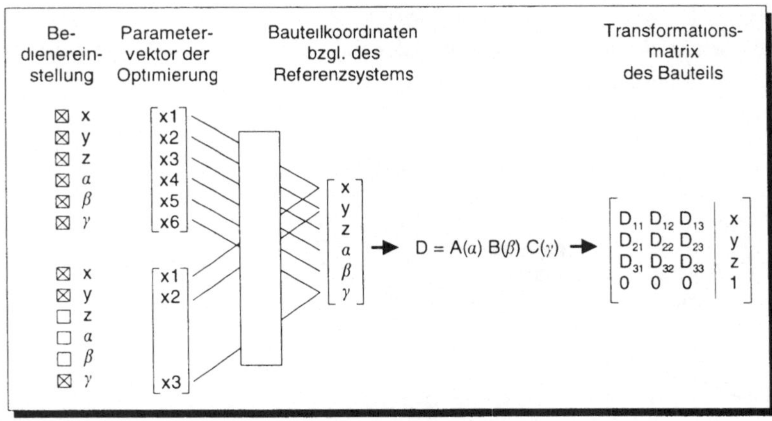

Bild 5.34: Freie Wahl der Optimierungsparameter

5.7.4 Bahngenerierung

Nachdem das Bauteil im Arbeitsraum plaziert wurde, muß der Bewegungsablauf der Kinematik für die Bearbeitung des Bauteils geplant werden. Für die Bewegungsplanung gelten dabei die folgenden Regeln:

- Jede Kontur wird zunächst für sich geplant,

- bei rotationssymmetrischem Werkzeug werden für jede Bearbeitungskontur verschiedene Startkonfigurationen getestet und

- für jede Raumlage erfolgt eine neue Planung der Bewegungsbahn.

Häufig sind beim räumlichen Schneiden von Blechteilen mehrere Bearbeitungskonturen zu fertigen. Das Bewegungsverhalten der Kinematik entlang einer Kontur, das durch die Bewegung der einzelnen Achsen der Anlage bestimmt wird und direkt das Bearbeitungsergebnis beeinflußt, kann unabhängig von den übrigen Bearbeitungskonturen festgelegt werden. Aus diesem Grund wird jede Bearbeitungskontur für sich geplant, um den jeweils geeignetsten Bewegungsablauf zu ermitteln. Anschließend werden die Bearbeitungskonturen mit den bereits bestehenden Konturen verknüpft.

Darüber hinaus werden die Freiheiten, die ein rotationssymmetrisches Werkzeug für die Programmierung bietet, genutzt. Ein wichtiger Einflußfaktor für die Laserstrahlschneidbearbeitung ist die Orientierung des Laserstrahls zur Bauteiloberfläche. Da der Laserstrahl selbst als rotationssymmetrisches Werkzeug betrachtet werden kann, ist es möglich die Bearbeitungsdüse um den Strahl zu drehen, ohne die Ausrichtung des Strahls auf das Bauteil zu ändern.

Die Kombination des rotationssymmetrischen Werkzeugs mit einem Sechs-Achsen-Industrieroboter erlaubt es deshalb, die Bearbeitung mit einer Vielzahl von Achskonfigurationen durchzuführen (Bild 5.35). Da sich Roboterbewegungen bei unterschiedlichen Achskonfigurationen deutlich unterscheiden können, wird jede Kontur mit verschiedenen Startkonfigurationen geplant und die resultierenden Bewegungsabläufe bewertet, um für die jeweilige Bearbeitung die günstigste Achskonfiguration auswählen zu können.

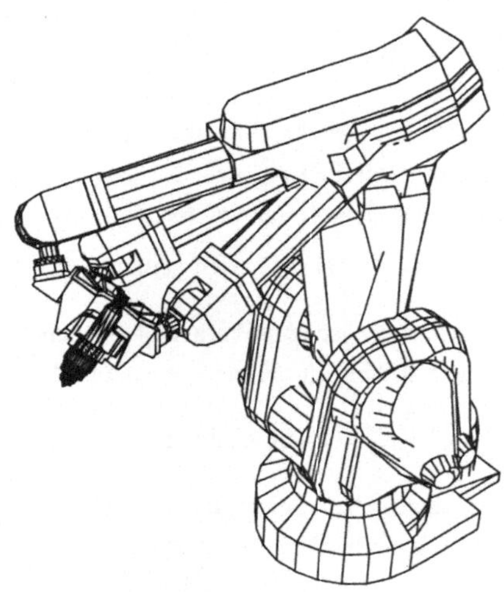

Bild 5.35: Das rotationssymmetrische Werkzeug erhöht die Anzahl der möglichen Achskonfigurationen

Schließlich werden für jede Bauteillage die Maschinenbewegungen neu geplant. Roboterbewegungen werden in den Bewegungsprogrammen durch einzelne Zielframes und der Art der Interpolation zwischen den Frames beschrieben. Damit bei jedem Berechnungsschritt der Layoutoptimierung die Führungskinematik korrekt der Schnittkontur folgt, müssen die Framekoordinaten jeweils an die neue Bauteillage angepaßt werden. Bei einer Vielzahl von Roboteranwendungen genügt eine einfache Transformation der Zielframes, um mit einem bestehenden Programm das Bauteil in einer neuen Bauteillage fertigen zu können, da die Steuerung die einzunehmenden Achswinkel jeweils anhand der aktuellen Zielframes berechnet. Dieses Vorgehen ermöglicht es bei Serienfertigungen wie etwa dem Punktschweißen, bei denen die Werkzeuge verschleißen, bestehende Programme zu nutzen, auch wenn sich durch den Verschleiß oder den Austausch der Werkzeuge deren Geometrie ändert. Denn es werden einfach die neuen Werkzeuggeometrien, die sich in der Regel nur gering von den zur Programmierung verwendeten unterscheiden, in die Steuerung eingegeben. Diese berücksichtigt die geänderten geometrischen Größen des Werkzeugs bei der Rücktransformation und errechnet dadurch korrekte Werte für die Achsstellungen.

Bei der Optimierung der Aufspannung aber ergeben sich auf Grund der unterschiedlichen Bauteillagen in der Regel viel größere Unterschiede im Bewegungsablauf des Handhabungsgerätes als dies durch die geringen Abweichungen bei verschleißenden Werkzeugen der Fall ist. Daher ist keineswegs sichergestellt, daß durch reine Koordinatentransformation ein bestehendes Programm in einer neuen Bauteillage noch ausgeführt werden kann. Und selbst wenn das Handhabungsgerät nach der Transformation das Bearbeitungsprogramms noch vollständig abarbeiten kann, ist noch nicht gewährleistet, daß aus der transformierten Stützpunktfolge eine Maschinenbewegung resultiert, die für die neue Bauteillage günstig ist.

Daher werden nicht nur die Koordinaten einer fest vorgegebenen Stützpunktfolge in die neue Bauteillage transformiert, sondern für jede neue Lage des Werkstücks wird eine neue Planung des Bewegungsablaufs der Führungsmaschine durchgeführt. Dabei erfolgt eine Feinanpassung der jeweiligen Zielframes, um den Bewegungsablauf zu optimieren.

Im ersten Schritt erfolgt bei rotationssymmetrischem Werkzeug eine Adaption eines neuen Zielframes an den vorausgehenden Frame. Dies geschieht, indem die Ausrichtung um die Strahlachse so gewählt wird, daß die Bewegung des Bearbeitungskopfes um die Strahlachse möglichst gering ausfällt, wie Bild 5.36 verdeutlicht. So wird verhindert, daß der Roboter bei großen Richtungsänderungen der Bewegungsbahn in der Blechebene unnötig starke Achsbewegungen ausführen muß, um den Kopf um die Strahlachse zu drehen.

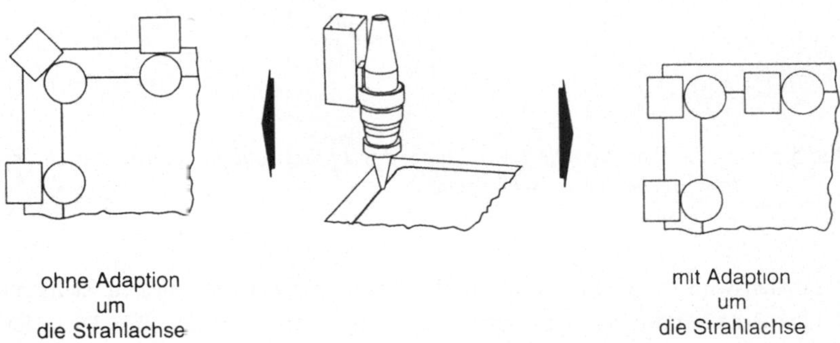

Bild 5.36: Die Adaption der Stützpunkte um die Strahlachse verhindert zu starke Schwerkbewegungen des Handhabungsgeräts

Anschließend erfolgt die Feinanpassung der Bahnstützpunkte. Eine erste Ausrichtung der Stützpunkte fand bereits bei der Voranpassung des Bewegungspfades statt. Hier wurden kritische Bereiche auf der Kontur, bei denen eine starke Umorientierung des Bearbeitungskopfes nötig war, erkannt und die Stützpunkte entsprechend angestellt, um die Bewegung des Kopfes zu verringern. Ebenso wurden Kollisionen zwischen dem rotationssymmetrischen Teil des Bearbeitungskopfes und dem Bauteil durch Anstellen des Bearbeitungskopfes vermieden. Da die Orientierung des Bearbeitungskopfes bereits grob auf die Anforderungen der Bearbeitungsaufgabe ausgerichtet wurde, wird in diesem Schritt die Ausrichtung nur mehr gering variiert und somit eine Feinplanung durchgeführt (Bild 5.37). Dazu wird die Orientierung der Schneiddüse in den Stützpunkten um die momentane Strahlachse geschwenkt. Die daraus resultierenden Anstellwinkel in Bearbeitungsrichtung bzw. lateral dazu addieren sich dann zu den Anstellwinkeln aus der Voranpassung.

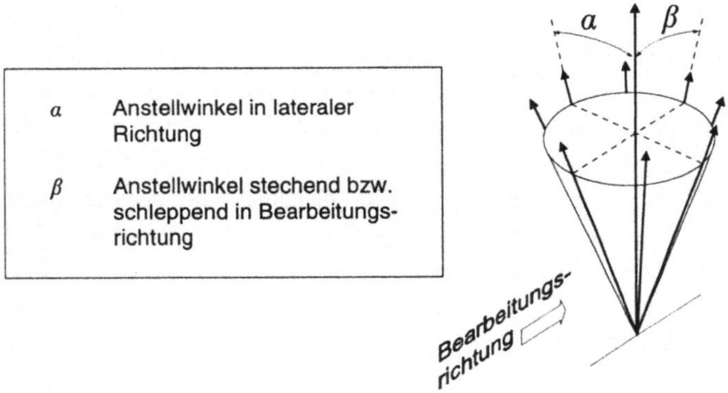

Bild 5.37: Feine Variation der Anstellung des Laserstrahl in lateraler Richtung bzw. stechend oder schleppend

Zusätzlich wird der Freiheitsgrad um die Strahlachse genutzt, um den Zielframe wenige Grad in positiver und negativer Richtung zu drehen (Bild 5.38). Diese feinen Änderungen dienen zur Optimierung der Bewegung, nachdem bereits durch die Adaption des Frames starke Drehungen um die Werkzeugachse verhindert werden.

Durch diese Ansätze erhält man eine Vielzahl von Zielstellungen für die Kinematik, die zu unterschiedlichen Bewegungen des Handhabungsgerätes führen. Die einzelnen Zielstellungen werden unter Berücksichtigung der Restriktionen und Nebenbedingungen (Abschnitt 5.6.5) bewertet, so daß anschließend die entsprechend den Vorgaben des Programmierers günstigste ausgewählt werden kann.

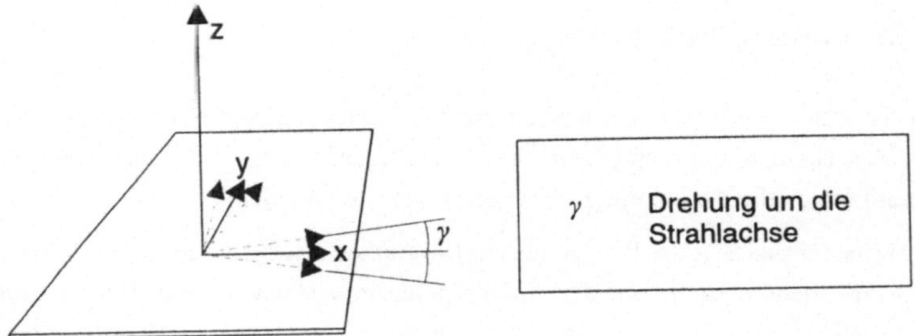

Bild 5.38: Feine Anpassung um die Strahlachse

Jede einzelne Stellung der Kinematik wird auf Kollisionen überprüft, um ein kollisionsfreies Roboterprogramm sicherzustellen. Dies ergänzt die Berechnungen, bei denen bereits vorab für den rotationssymmetrischen Teil der Bearbeitungsdüse ein kollisionsfreier Pfad ermittelt wurde. Denn Teile des Bearbeitungskopfes, die nicht rotationssymmetrisch sind, können ebenso wie die Roboterarme nur während der Bahngenerierung auf Kollisionen geprüft werden, da ihre Lage bezüglich des Bauteils sich abhängig von der jeweiligen Achskonfiguration und der Aufspannung ändert.

5.7.5 Restriktionen und Bewertungskriterien

Ziel der Bahnplanung ist es, Anlagenprogramme zu generieren, die eine qualitativ hochwertige und wirtschaftliche Fertigung erlauben. Um aus der Vielzahl der möglichen Roboterbewegungen die günstigste auswählen zu können, müssen diese bewertet werden. Im folgenden sollen die bei der Bewertung zu berücksichtigenden Kriterien

- zurückgelegte Achswege,

- Anstellwinkel des Bearbeitungskopfes,

- Gefährdung der Strahlführung,

- Achskonfigurationen und Erreichbarkeit von Stützpunkten sowie

- Begrenzung des Suchraums

betrachtet werden.

5.7.5.1 Zurückgelegte Achswege

Gute Bearbeitungsergebnisse werden erzielt, wenn eine möglichst flüssige Bewegung des Handhabungsgeräts erreicht wird. Zudem sollten die Geschwindigkeitsschwankungen der Bearbeitungsdüse gering gehalten werden.

Die Wirtschaftlichkeit der Fertigung steigt, wenn die Bearbeitungszeit verkürzt wird und somit mehr Bauteile auf der Anlage gefertigt werden können. Ebenso spielen für die Wirtschaftlichkeit der Anlage ihre Wartungskosten eine Rolle, die niedriger ausfallen, wenn die Antriebe nicht ständig an ihren Belastungsgrenzen betrieben werden. Da die Belastung der Antriebe bei flüssigen Achsbewegungen sinkt, stellen diese auch in Hinblick auf die Wirtschaftlichkeit ein wichtiges Zielkriterium dar.

Ein günstiges Bewegungsverhalten der Anlage kann erreicht werden, wenn der von den Achsen zurückzulegende Weg minimiert wird. Daher ist die Summe der von den Achsen überstrichenen Winkelwege ein wichtiges Optimierungskriterium. Bei größeren Abständen der Stützpunkte reicht es dabei nicht aus, die Winkelwege durch eine Differenzbildung der Anfangs- und Endstellungen zu berechnen, da beispielsweise bei einer Richtungsumkehr einer Achse deren Beitrag zur Summe der Achswinkel völlig entfallen kann. Vielmehr sind die zurückgelegten Winkeländerungen über dem Bahnsegment aufzusummieren. Um einzelne Achsen der Kinematik unterschiedlich bewerten zu können, werden sie zudem mit einem Gewichtungsfaktor multipliziert.

$$B_{Achswege} = \sum_{i=1}^{Achsanzahl} \left(\left(\sum |\Delta \alpha_i| \right) \cdot g_i \right) \qquad \text{(Gl. 5.8.)}$$

5.7.5.2 Anstellwinkel des Bearbeitungskopfes

Neben den zurückgelegten Achswegen wird auch die Anstellung des Bearbeitungskopfes in die Beurteilung des Bewegungspfades einbezogen. Für den Laserstrahl-Schneidprozeß wäre eine durchgängig senkrechte Ausrichtung des Laserstrahls auf die Bauteiloberfläche ideal. Diese ist jedoch häufig auf Grund von Kollisionen nicht einzuhalten und auch in Anbetracht der beschränkten Dynamik der Antriebe aus Anlagengesichtspunkten nicht immer die günstigste Lösung. Deswegen werden die Freiheiten des Prozesses zum Anstellen des Bearbeitungskopfes genutzt, um die aufgeführten Restriktionen zu kompensieren.

Bei größeren Anstellwinkeln muß aber ein Kompromiß gefunden werden, zwischen möglichen Einbußen bei der Bearbeitungsqualität auf Grund der Anstellung des Kopfes und den Vorteilen für die Bearbeitung, die sich aus flüssigen Anlagenbewegungen ergeben. Daher bildet die Größe des Anstellwinkels ein weiteres Bewertungskriterium für die Beurteilung des Bearbeitungspfades.

5.7.5.3 Gefährdung der Strahlführung

Restriktionen ergeben sich auch durch die Verwendung von Lichtwellenleitern zur Führung des Laserstrahls. Sie bieten zwar, wie in Abschnitt 2.2.3 bereits beschrieben wurde, gegenüber einer externen Strahlführung über Spiegel den Vorteil, daß dank ihrer hohen Flexibilität der Arbeitsraum eines Gelenkroboters besser ausgenutzt werden kann. Dennoch zieht auch dieses flexible Strahlführungssystem Einschränkungen nach sich, da die Gefahr besteht, daß die Faser bei Kollisionen mit dem Roboterarm beschädigt oder bei ungünstigen Roboterbewegungen um den Roboterarm gewickelt wird.

Ansätze zur Abbildung flexibler Bauteile in simulierten Fertigungsumgebungen existieren bereits *(Bauer et al. 1993, ZwF 1994)*, jedoch sind einfache Modelle, die wenig Rechenzeit benötigen, nur sehr begrenzt auf die Realität zu übertragen. Aufwendigere Modelle kommen dem realen Verhalten flexibler Bauteile zwar näher, erfordern allerdings längere Rechenzeiten. Wenn zudem der Lichtwellenleiter mit Zuführungen für das Arbeitsgas oder elektrischen Leitungen für die Zusatzachse gekoppelt wird erhält man ein inhomogenes Schlauchpaket, daß derzeit nicht mit akzeptierbarem Rechenaufwand nachgebildet werden kann.

Um dennoch die Gefährdung des Lichtwellenleiters verringern zu können, wurde ein Ansatz gewählt, der für den Lichtwellenleiter ungünstige Achskonfigurationen der Führungskinematik betrachtet. Eine Gefahr für die Faser tritt beispielsweise auf, wenn der Bearbeitungskopf so geschwenkt wird, daß die Faser mit dem Roboterarm kollidiert und dadurch der zulässige Biegeradius unterschritten wird (Bild 5.39).

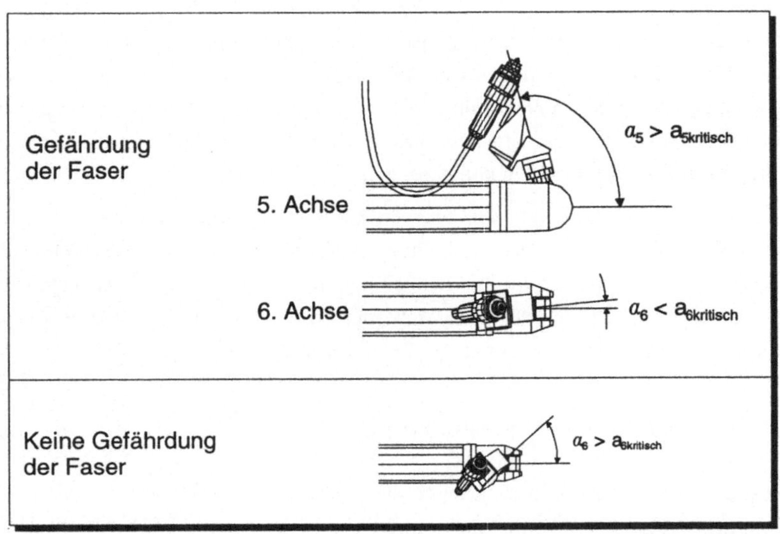

Bild 5.39: Gefährdung der Lichtleiterfaser

Dieser Fall tritt ein, wenn die fünfte Achse sehr stark ($a_5 > a_{5krit}$) geschwenkt wird und gleichzeitig die sechste Achse das Düsenende auf den Roboterarm lenkt ($a_6 < a_{6krit}$). Überschreiten die Achswinkel a_5 und a_6 ihre kritische Grenze, so wird dies mit einem Strafterm bewertet, dessen Betrag um so größer ist, je weiter die kritischen Winkelgrenzen überschritten werden.

5.7.5.4 Achskonfigurationen und Erreichbarkeit von Stützpunkten

Grundlegende Voraussetzung für die Gültigkeit eines Bewegungsablaufs ist, daß alle Punkte der Bearbeitungskontur erreichbar sind. Entlang des Bewegungspfades werden in den Bearbeitungsstützpunkten Zielframes vorgegeben, die die Position und Orientierung des Werkzeugs festlegen. Die Achswinkel des Roboters müssen nun so gewählt werden, daß das Werkzeugkoordinatensystem auf dem Frame zu liegen kommt. Die Berechnung der Achswinkel mit Hilfe der Rücktransformation kann in der Regel analytisch durch geometrische Betrachtungen erfolgen.

Da ein vorgegebener Frame oft mit mehreren Achskonfigurationen erreicht werden kann, wird zu Beginn einer Bearbeitungskontur eine Stellung der Achsen festgelegt. Neue Achswinkel werden unter Berücksichtigung der ihnen vorausgehenden Winkel berechnet. Können zu einem vorgegebenen Frame keine gültigen Achswerte ermittelt werden, so ist diese Position nicht erreichbar.

Verschiedene Achsstellungen haben unterschiedliche Auswirkungen auf die Positioniergenauigkeit und das Bewegungsverhalten eines Gelenkroboters. Ungünstig sind vor allem Stellungen am Rand des Arbeitsraums, wenn die Arme des Roboters stark gestreckt sind, da hier die dynamischen Belastungen für die Grundachsen der Kinematik am höchsten sind. Bei der Bewertung der Achstellungen wird daher die Streckung der Roboterarme ermittelt und bewertet. Dazu wird der aktuelle Abstand des Handwurzelpunktes (HWP) von der zweiten Drehachse ($r_{aktuell}$) ins Verhältnis zum maximal möglichen Abstand gesetzt (Bild 5.40).

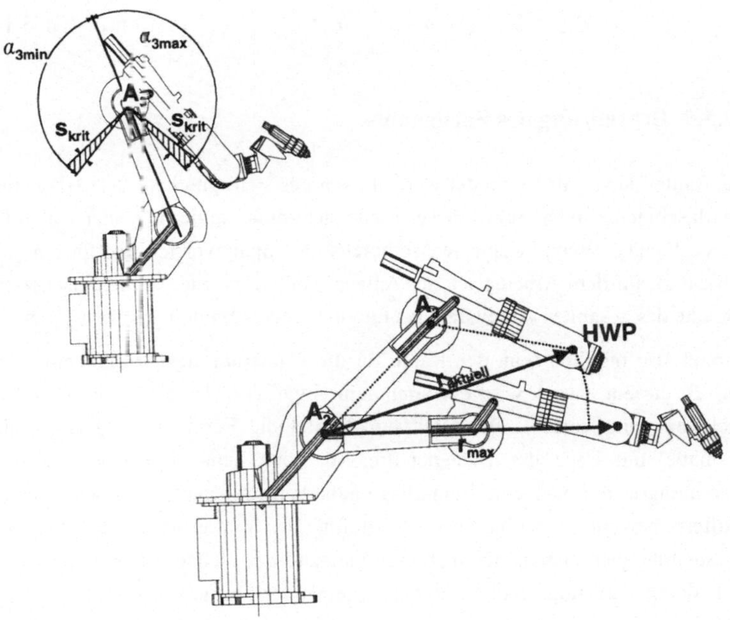

Bild 5.40: Festlegung von kritischen Bereichen für Achsgrenzen und die Streckung der Roboterarme

Überschreitet die Streckung eine kritische Grenze, so wird dies mit einem Strafterm in Abhängigkeit von der Größe der Streckung bewertet.

$$B_{Streck} = s_{krit.Streck} - \frac{(r_{max} - r_{aktuell})}{r_{max}}, \quad \frac{(r_{max} - r_{aktuell})}{r_{max}} \leq s_{krit.Streck} \qquad \text{(Gl 5.9.)}$$

Zusätzlich können Stellungen am Ende des Wertebereichs der einzelnen Achsen oder in der Nähe der sogenannten Handgelenksingularität, bei der die vierte und sechste Achse auf einer Linie liegen, vermieden werden, indem ein kritischer Bereich bei den entsprechenden Achswerten festgelegt wird. Achswerte innerhalb des kritischen Bereichs werden ebenfalls mit einem Strafterm belegt.

$$B_{Achsg} = \sum_{i=1}^{6} \binom{s_{krit.Achsg} - (\alpha_{i,max} - \alpha_i).(\alpha_{i,max} - \alpha_i) \leq s_{krit.Achsg}}{s_{krit.Achsg} - (\alpha_i - \alpha_{i,min}).(\alpha_i - \alpha_{i,min}) \leq s_{krit.Achsg}} \qquad \text{(Gl. 5 10)}$$

$$B_{Sing} = (s_{krit.Sing} - \alpha_5)^2, \qquad \alpha_5 \leq s_{krit.Sing} \qquad \text{(Gl. 5 11)}$$

5.7.5.5 Begrenzung des Suchraums

Das Bauteil kann nur bearbeitet werden, wenn es sich innerhalb des Arbeitsraumes der Maschine befindet. Selbst dieser Raum steht nicht immer in seiner vollen Große zur Verfügung Wenn beispielsweise bereits eine Spannvorrichtung für ein anderes Werkstück auf dem Arbeitstisch der Anlage montiert wurde, konnen nur noch Teilbereiche des gesamten Arbeitsraumes für ein weiteres Bauteil genutzt werden

Es muß also möglich sein, den Raum für die Plazierung des Bauteils einzuschranken. Zu diesem Zweck wird ein Suchraum eingeführt, der die Grenzen der Werkstückplazierung vorgibt. Der Suchraum besitzt die Form eines Quaders, dessen Ausmaße und Lage der Bediener frei vorgeben kann. Ein Überschreiten der Suchraumgrenzen oder eine Bauteillage außerhalb des Suchraums wird mit einem Strafterm bewertet. Um eine feinere Abstufung des Strafterms zu ermöglichen, wird die Suchraumbegrenzung aus mehreren ineinander verschachtelten Quadern aufgebaut, deren Zahl und relativer Versatz zueinander ebenfalls einstellbar sind (Bild 5 41).

Zur Überprüfung des Suchraums wird für jede neue Bauteillage, die der Optimierungsalgorithmus vorgibt, geprüft, ob eine Kollision zwischen dem Bauteil und einem der begrenzenden Quader auftritt. Der Strafterm für die Verletzung des

Suchraums fällt dabei um so höher aus, desto mehr begrenzende Quader das Bauteil durchdringt bzw. je weiter das Bauteil vom Zentrum des Suchraums entfernt ist. Damit das Bauteil sicher innerhalb der vorgegeben Grenzen bleibt, steigt der Strafterm progressiv mit der Zahl der durchdrungenen Quader an. Sollte das Bauteil vollständig außerhalb des Suchraums zu liegen kommen, so kann keine Kollision mit den begrenzenden Quadern mehr festgestellt werden. Daher wird zusätzlich anhand des Abstands zur Quadermitte überprüft, ob das auf dem Bauteil definierte Optimierungssystem außerhalb des Suchraums liegt.

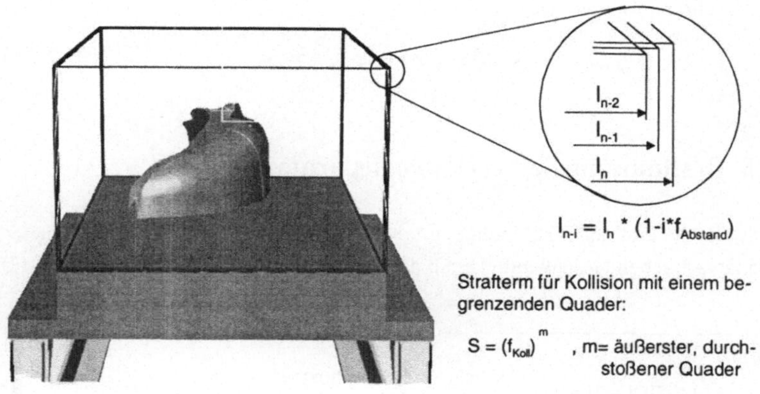

Bild 5.41: Eingrenzung des Arbeitsraumes durch einen quaderförmigen Suchraum

5.7.5.6 Gesamtbewertung

Zur Auswahl der günstigsten Bewegungsbahn werden diejenigen Bewertungskriterien zusammengefaßt, die die Güte der möglichen Bewegungen beschreiben. Dies sind die zurückgelegten Achswerte, der Betrag der Kopfanstellung, die Gefährdung der Faser sowie die Erreichbarkeit der einzelnen Bearbeitungsstellen und die Betrachtung der Achskonfiguration. Die einzelnen Kriterien werden dazu gewichtet und aufaddiert. Die Gewichtung der einzelnen Bewertungskriterien erlaubt es dem Programmierer, die Programmgenerierung an seine Anforderungen anzupassen. Ist beispielsweise eine schnelle Bearbeitung von Bauteilen gefordert, so wird den Achswegen eine höheres Gewicht beigemessen, damit die Planungsalgorithmen die

Möglichkeiten der Anstellung des Bearbeitungskopfes besser ausnutzen können und die nötigen Anlagenbewegungen verringern. Wird hingegen die Kopfanstellung stärker gewichtet, dann wird der Bearbeitungskopf weniger stark angestellt und somit vor allem die Bedingung für einen sicheren Schneidprozeß optimiert.

$$B_{Bahn} = \sum \left(\begin{array}{l} g_{Achswege} \cdot B_{Achswege} + g_{Anstellung} \cdot B_{Anstellung} + g_{Sing} \cdot B_{Sing} + \\ g_{Kollision} \cdot B_{Kollision} + g_{Streck} \cdot B_{Streck} + g_{Achsg} \cdot B_{Achsg} \end{array} \right) \quad \text{(Gl. 5.12.)}$$

Für die Layoutoptimierung wird abschließend noch die Bewertung zur Einhaltung des Suchraums aufaddiert.

$$B_{Gesamt} = g_{Bahn} \cdot B_{Bahn} + g_{Suchraum} \cdot B_{Suchraum} \qquad \text{(Gl. 5.13.)}$$

5.8 Bestimmung der Technologieparameter

Um die Qualität der Bearbeitung zu erhöhen, müssen die Technologieparameter an die tatsächlichen Geschwindigkeiten des Werkzeugs angepaßt werden (Bild 5.42).

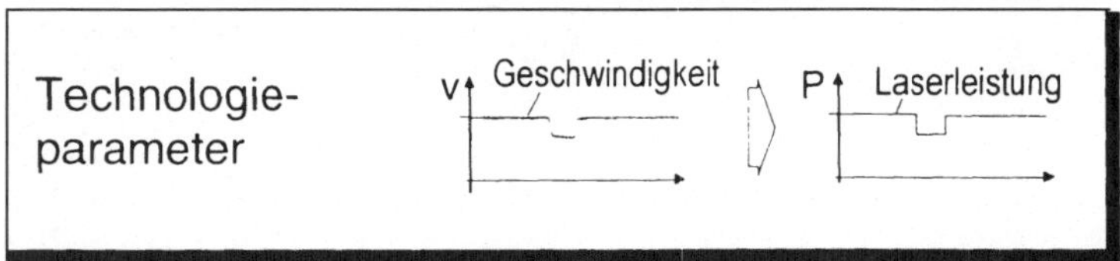

Bild 5.42: Anpassung der Laserleistung an die Bearbeitungsgeschwindigkeit

Gerade wenn kurze Bearbeitungszeiten und somit hohe Bahngeschwindigkeiten gefordert sind, ist es nicht immer möglich mit den aufgeführten Strategien zur Optimierung der Bewegung des Handhabungsgeräts die Geschwindigkeit im TCP konstant zu halten. Bei schwierigen Konturelementen mit starken Richtungsänderungen fällt dann zwar der Geschwindigkeitseinbruch deutlich geringer aus als ohne Optimierung, kann aber nicht völlig vermieden werden.

In der Regel bieten Robotersteuerungen die Möglichkeit, bei Laseranlagen mit einer analogen Laserleistungssteuerung die Leistung über einen geschwindigkeitsabhängeigen Analogausgang zu steuern. Als nachteilig kann sich dabei nach *Schwarz (1994)* erweisen, daß aufgrund von Reaktions- und Verarbeitungszeiten das Analogsignal zeitverzögert an die Steuerung übertragen werden kann und es dadurch zu Qualitätseinbußen kommt.

Darüber hinaus gibt es Laser, die nicht über eine analoge Laserleistungssteuerung verfügen. Beispielsweise verfügt der am iwb zur Verfügung stehende 500 W Nd:YAG-SLAB-Laser *(Garnich 1992)* nur über verschiedene Pulskanäle, mit deren Hilfe die Laserleistung an die Anforderungen der Bearbeitung angepaßt werden kann. Dazu muß aber der genaue Verlauf der Bearbeitungsgeschwindigkeit entlang der Bahn bekannt sein.

Daher wird mit Hilfe der Kopplung zwischen Programmiersystem und dem Steuerungs-PC der KRC1-Steuerung, die bereits im Abschnitt 5.2.2.2 vorgestellt wurde, die bei der Fertigung auftretende Bearbeitungsgeschwindigkeit ermittelt. Im Steuerungs-PC wird dazu das erstellte Programm abgefahren und dabei laufend die Achsstellungen des Roboters und die zugehörige Systemzeit der Steuerung an das Programmiersystem übermittelt.

Im Programmiersystem werden aus diesen Informationen unter Verwendung der Vorwärtstransformation die entsprechenden Positionen des TCP errechnet. Mit Hilfe der Positionen und den dazu gehörigen Zeiten läßt sich dann durch numerische Differentiation die Geschwindigkeit des TCP ermitteln.

Somit erhält man im Programmiersystem, ohne an der realen Anlage Versuche fahren zu müssen, die Geschwindigkeit des TCP entlang des Bearbeitungspfades. Mit Hilfe dieser Informationen können nun die Pulskanäle des verwendeten Lasers so gesteuert werden, daß stets die zur Bearbeitungssituation passende Laserleistung in das Bauteil eingebracht wird.

5.9 Programmausgabe

Damit die Programme von der Anlagensteuerung ausgeführt werden können, müssen die ermittelten Bewegungs- und Technologieinformationen in deren Syntax übersetzt werden.

Diese Aufgabe übernehmen in das Programmiersystem integrierte Postprozessoren. Mit ihrer Hilfe werden die in der Datenstruktur des Programmiersystems festgelegten Anweisungen in die Steuerungssprache übersetzt. Die Syntax der Bewegungsbefehle ist von der verwendeten Robotersteuerung abhängig. Damit ist eine eindeutige

Übersetzungsvorschrift gewährleistet. Bei den Technologieinformationen hingegen muß differenziert werden zwischen Informationen, die die Führungskinematik selbst betreffen, und Informationen zur Steuerung der laserspezifischen Anlagenkomponenten. So ist beispielsweise die Bearbeitungsgeschwindigkeit durch die Syntax der Robotersteuerung festgelegt. Spezielle Befehle, die den Laser oder die Abstandssensorik steuern, sind darin in der Regel jedoch nicht vorgesehen.

Um eine leichte Anpassung der Postprozessoren an die jeweiligen Laserkomponenten zu ermöglichen, werden die entsprechenden Steuerungsanweisungen vom Postprozessor nicht direkt in die Programme geschrieben, sondern indirekt über den Aufruf von Unterprogrammen (Bild 5.43). Für das Einschalten des Lasers wird beispielsweise das Unterprogramm „laser_on()" aufgerufen, in dem die benötigten Programmschritte, wie das Setzen der richtigen Ausgänge, hinterlegt sind. In der Regel stehen entsprechende Unterprogramme an den Anlagen bereits zur Verfügung, so daß der Postprozessor nur mehr mit den richtigen Programmaufrufen konfiguriert werden muß.

Da die integrierten Postprozessoren die Programme in der jeweiligen Steuerungssprache ausgeben, kann der Anlagenbediener diese direkt an die Anlage übertragen und dort ausführen.

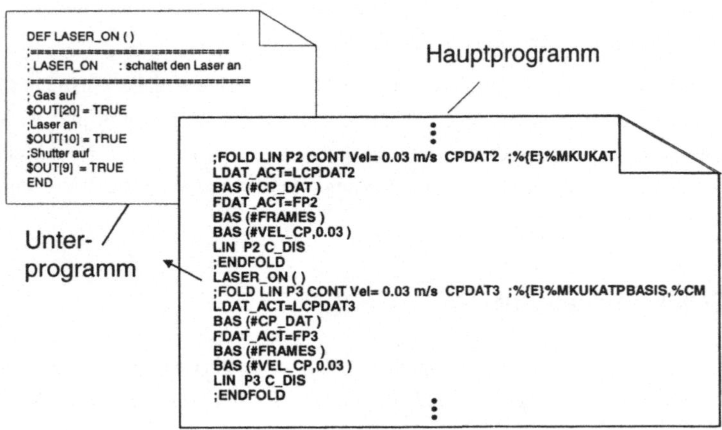

Bild 5.43: RC-Bewegungsprogramm für eine KRC1-Steuerung

6 CAD/CAM-Prozeßkette: Einbindung der Fertigung

Im letzten Arbeitsschritt wird schließlich das offline am Rechner erstellte Programm an der Anlage ausgeführt und die Bauteile gefertigt (Bild 6.1). Dazu ist die Anlage in die Prozeßkette einzubinden.

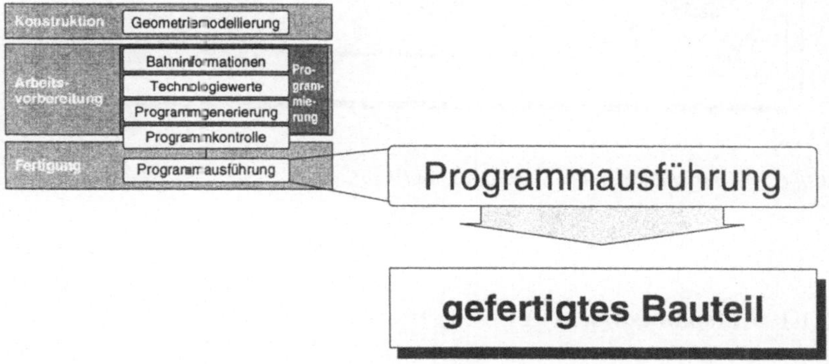

Bild 6.1: Den Abschluß der Prozeßkette bildet das Fertigen des Werkstucks

6.1 Abgleich zwischen Simulation und Realität

Um die offline am Rechner erstellten Programme an der Anlage einsetzen zu können, muß die Lage des Bauteils in der Realität mit der Lage des Bauteils in der Simulation übereinstimmen. Zur Lösung dieser Problematik sind verschiedene Ansätze möglich (Bild 6 2).

Zum einen kann die Lage des Bauteils von der Simulation auf die Realität übertragen werden. Dieser Schritt ist durchzuführen, wenn die Lage des Bauteils mit Hilfe der Layoutplanung optimiert wurde. Ebenso soll aber die Offline-Programmierung möglich sein, wenn Bauteile bereits vor der rechnergestützten Programmgenerierung auf der Maschine aufgespannt wurden. Dann gilt es, die Aufspannung des Bauteils von der Realität in die Simulation zu übertragen, um anschließend anhand der festgelegten Bauteillage das Anlagenprogramm zu erstellen.

Bild 6.2: Abgleich zwischen Simulation und Realität

6.1.1 Aufspannvorschrift

Nachdem mit Hilfe der Layoutoptimierung eine für die Bearbeitung günstige Aufspannung ermittelt wurde, muß diese von der Simulation an die reale Anlage übertragen werden.

Die Lage des Werkstücks läßt sich beschreiben, indem auf dem Werkstück ein
werkstückfestes Koordinatensystem, im folgenden Werkstückkoordinatensystem
genannt, definiert wird, dessen Transformation zu einem Bezugskoordinatensystem
die Lage des Bauteils eindeutig wiedergibt. Als Bezugskoordinatensystem bietet
sich beispielsweise das Anlagenkoordinatensystem an. Das Werkstückkoordinatensystem selbst kann frei gewählt werden. Allerdings muß für eine richtige Übertragung der Bauteillage das Werkstückkoordinatensystem des simulierten Bauteils mit
dem Werkstückkoordinatensystem des realen Bauteils übereinstimmen.

In der Praxis wird das Werkstückkoordinatensystem nicht explizit festgelegt. Vielmehr werden Punkte angegeben, die implizit das werkstückfeste Koordinatensystem
beschreiben. Um die Lage des Werkstücks eindeutig bestimmen zu können, sind
mindestens drei Punkte erforderlich, die nicht auf einer Geraden liegen dürfen. Um
das Bauteil korrekt ausrichten zu können, müssen die Punkte in der Simulation den
Punkten am realen Bauteil entsprechen (Bild 6.3).

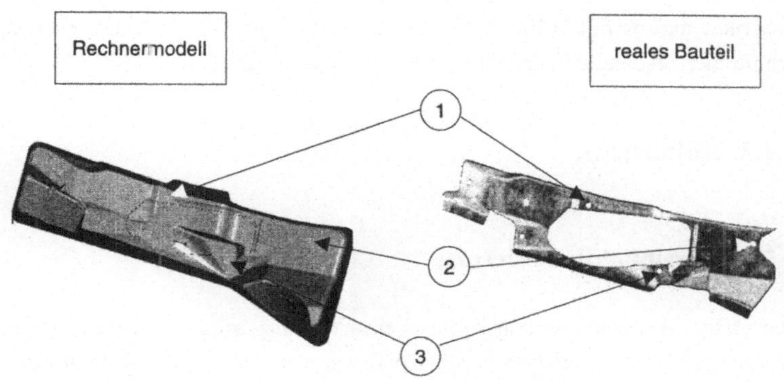

Bild 6.3: Abgleich zwischen Simulation und Realität mit Hilfe von signifikanten Punkten am Bauteil

Der Programmierer kann die Punkte, die die Lage des Bauteils festlegen, frei bestimmen. Das Programmiersystem ermittelt daraufhin die Koordinaten der gewählten Punkte, dargestellt im Bezugssystem, und generiert eine Aufspannvorschrift, anhand der der Maschinenbediener das Bauteil passend auf der Maschine ausrichten kann.

6.1.2 NC-gefertigte Aufspannvorrichtung

Eine weitere Möglichkeit, die Bauteillage vom Rechner auf die Anlage zu übertragen, stellt die Herstellung der Aufspannvorrichtung mit Hilfe von NC-Techniken dar *(Bauer 1995)*.

Dies kann auf verschiedene Weise geschehen. Zum einen können Teile der Vorrichtungen NC-gestützt gefräst werden. Bei diesem Ansatz werden kleine Stützbereiche am Bauteil ausgewählt und die Form der Auflageflächen nach den CAD-Daten des Bauteils in Stützklötze gefräst. Zum anderen besteht die Möglichkeit, mit Hilfe der Laseranlage selbst einen sogenannten Schablonenkorb zu fertigen, indem durch das CAD-Modell des Bauteils ebene Schnitte gelegt und der resultierende Konturverlauf aus ebenen Blechen ausgeschnitten wird. Man erhält so einzelne Schablonen, die zusammengesetzt die Vorrichtung zum Spannen des Bauteils ergeben. In *(Fertigung 1993)* wird beispielsweise die NC-gestützte Fertigung eines

Schablonenkorbs mit Hilfe einer Laseranlage für den späteren Zusammenbau geschnittener Blechteile in der Prototypenmontage beschrieben.

6.1.3 Kalibrieren

6.1.3.1 Dreipunktkalibrierung

Die Offline-Programmierung sollte ebenso möglich sein, wenn die Aufspannung des Bauteils bereits festliegt, da beispielsweise bei einer Lohnfertigung die Vorrichtung vom Auftraggeber bereitgestellt wird. In diesem Falle muß die Lage des Bauteils von der Anlage in das Simulationssystem übertragen werden.

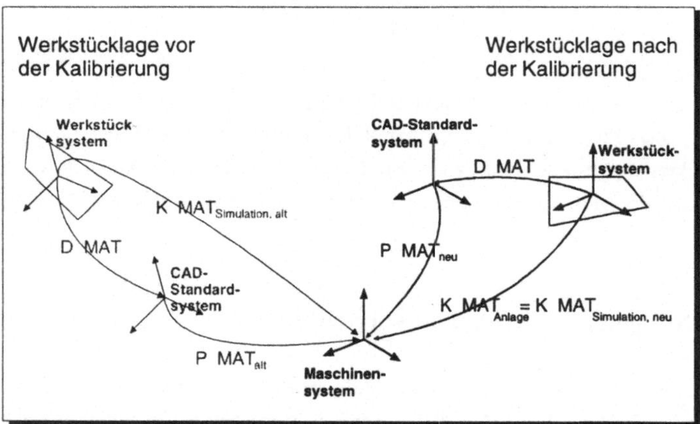

Bild 6.4: Richtige Positionierung des Bauteils im Simulationssystem mit Hilfe eines werkstückfesten Koordinatensystems

Dies kann wiederum mit Hilfe eines werkstückfesten Koordinatensystems geschehen, das sowohl am realen Bauteil als auch in der Simulation gegeben sein muß. Da aber die Lage des Bauteils im Simulationssystem durch seine Positionsmatrix (P_MAT) bestimmt ist, wird die Transformation des Werkstückkoordinatensystems in das Maschinenkoordinatensystem (K_MAT) benutzt, um Realität und Simulation abzugleichen (Bild 6.4). Ausgehend von der aktuellen Lage des Bauteils im Simulationssystem (P_MAT_{alt}) wird dazu zuerst die Transformationsmatrix D_MAT zwischen CAD-Standardkoordinatensystem und Werkstückkoordinatensystem berechnet. Die neue Positionsmatrix des Bauteils, die es in die gleiche Lage bringt wie das reale Bauteil, erhält man, indem die inverse Matrix von D_MAT mit der an der Anlage ermittelten Matrix des werkstückfesten Koordinatensystems K_MAT_{Anlage} multipliziert wird.

$$P\_MAT_{neu} = D\_MAT^{-1} \cdot K\_MAT_{Anlage} \qquad \text{(Gl. 6.1.)}$$

Um das werkstückfeste Koordinatensystem (K_MAT) eindeutig berechnen zu können, müssen wiederum mindestens drei Punkte im Maschinenkoordinatensystem bestimmt werden, die nicht auf einer Geraden liegen dürfen. Diese werden an der Anlage mit Hilfe einer Tastspitze angefahren und an das Programmiersystem übergeben. Mit folgender Vorschrift läßt sich dann aus den drei Punkten ein Koordinatensystem ermitteln (Bild 6.5):

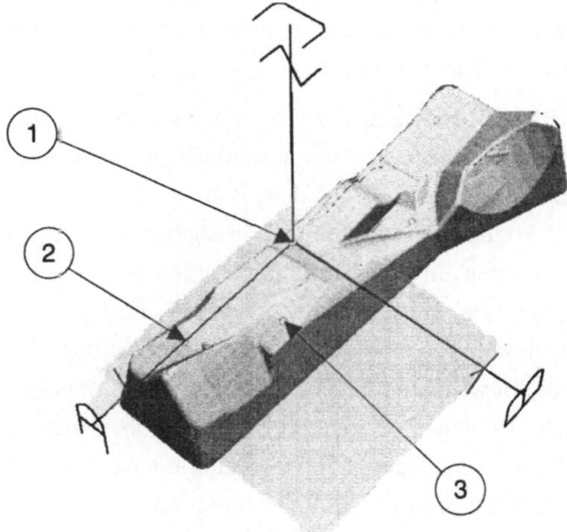

Bild 6.5: Bestimmung des Kalibrierkoordinatensystems mit Hilfe dreier Punkte

Der erste Punkt beschreibt den Ursprung des werkstückfesten Koordinatensystems. Der zweite Punkt gibt die Richtung der positiven x-Achse an, wohingegen der dritte Punkt die positive x-y-Ebene bestimmt.

Diese Art der Werkstückkalibrierung setzt voraus, daß die Kalibrierpunkte eindeutig auf dem Bauteil festgelegt sind und mit der Anlage exakt angefahren werden können. Daher werden die Kalibrierpunkte in der Regel auf dem Bauteil angerissen. Da dies einen zusätzlichen Arbeitsschritt bedeutet, wurde im Rahmen dieser Arbeit ein weiteres Verfahren zum Kalibrieren der Bauteillage auf Basis einer numerischen Optimierung entwickelt.

6.1.3.2 Numerische Optimierung

Ziel war es, ein Kalibrierverfahren zu erhalten, das ohne das exakte Anreißen von Kalibrierpunkten am Bauteil auskommt. Denn das Anreißen der Kalibrierpunkte muß aufgrund der komplexen Geometrien in der Regel aufwendig mit Hilfe einer Meßmaschine erfolgen. Zudem verlängert dieser zusätzliche Arbeitsschritt die Fehlerkette, da beim Anreißen der Kalibrierpunkte Abweichungen von den Solldaten entstehen können. Auch beim späteren Antasten der Punkte an der Anlage, bei der die Punkte genau getroffen werden müssen, können die dabei auftretenden Toleranzen eine exakte Kalibrierung beeinträchtigen.

Zur Bestimmung der Bauteillage werden bei der numerischen Optimierung ebenfalls Punkte auf dem Bauteil angetastet, die zusammen die Lage des Bauteils im Raum eindeutig definieren, deren Lage auf dem Bauteil aber nicht exakt bekannt sein muß. Den genauen Abgleich mit der Simulation übernimmt vielmehr ein numerisches Optimierungsverfahren. In der Simulation werden dazu die an der Anlage angetasteten Punkte eingelesen und ihre Lage auf dem Bauteil ungefähr bestimmt. Die an der Anlage angetasteten Punkte können nun als Anschläge für das Bauteil aufgefaßt werden, die die Bewegungsfreiheit des Bauteils einschränken. Das Bauteil wird nun in der Simulation so lange plaziert, bis die Bauteiloberfläche „an allen Anschlägen anliegt" und somit das Bauteil richtig kalibriert ist. Die Plazierung des Bauteils erfolgt dabei automatisch mit Hilfe des numerischen Optimierungsverfahrens.

Für einen Kalibrierschritt gilt, daß das Bauteil um so besser plaziert ist, je geringer die Abstände von der Bauteiloberfläche zu den Anschlagpunkten sind. Aufgabe des Optimierungssystems ist es daher, den Gesamtabstand zwischen der Bauteiloberfläche und den von der Anlage übernommenen Antastpunkten zu minimieren.

Da die Lage der Punkte auf dem Bauteil nicht exakt festgelegt ist, reichen hier drei Punkte zur Bestimmung der Bauteilplazierung nicht aus. Bild 6.6 links verdeutlicht dies anhand einer einfachen Geometrie. Auch wenn die Bauteiloberflächen ständig Kontakt zu den drei Anschlagpunkten halten, ist das Bauteil dennoch nicht fest fixiert sondern kann entlang der Anschläge verschoben werden. In der Regel sollte man aber mit einer geringen Anzahl von Tastpunkten das Bauteil eindeutig fixieren und dabei eine für das Optimierungsverfahren günstige Verteilung der Punkte erreichen können.

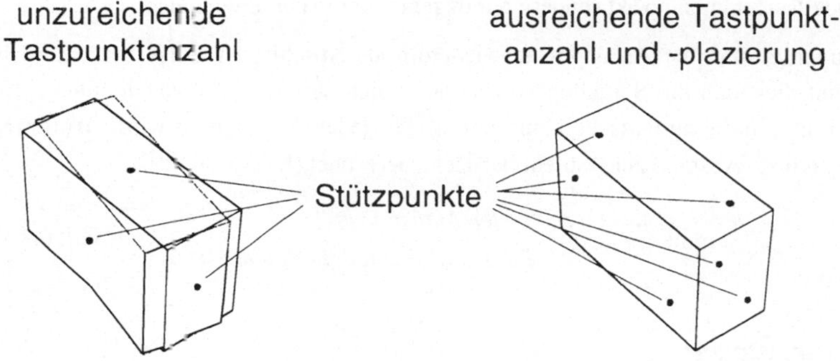

Bild 6.6: Unzureichende und ausreichende Wahl von Antastpunkten

Die numerische Optimierung selbst erfolgt in zwei Schritten. Zuerst wird das Bauteil in der Simulation grob plaziert und anschließend mit Hilfe von Optimierungsalgorithmen fein kalibriert. Zur groben Plazierung des Bauteils wird in der Simulation auf dem Bauteil ebenso ein Koordinatensystem errechnet wie auf dem realen Bauteil, das nun von den an der Anlage angetasteten Punkten repräsentiert wird. Der Nullpunkt dieser Koordinatensysteme berechnet sich aus dem Schwerpunkt der jeweiligen Punktemenge. Für die Berechnung des Koordinatensystems am realen Bauteil werden also die Antastpunkte herangezogen, wohingegen für das Bauteil in der Simulation die ungefähr angegebenen Punkte auf dem CAD-Modell genutzt werden.

$$\begin{pmatrix} x_{Nullpunkt} \\ y_{Nullpunkt} \\ z_{Nullpunkt} \end{pmatrix} = \frac{1}{i} \cdot \sum_{i=1}^{n} \begin{pmatrix} x_i \\ y_i \\ z_i \end{pmatrix}, \quad n = \text{Anzahl der angetasteten Punkte} \qquad \text{(Gl. 6.2.)}$$

Zusätzlich werden Punkte zur Bestimmung der positiven x-Achse und der positiven x-y-Ebene angegeben, so daß analog zum Abschnitt 6.1.3.1 die Koordinatensysteme berechnet werden können. Im Gegensatz zur zuvor vorgestellten Kalibrierung mit Hilfe der Drei-Punkt-Methode müssen nun aber das am realen Bauteil bestimmte und das am Simulationsmodell berechnete Koordinatensystem nicht übereinstimmen. Wenn daher analog zum vorausgehenden Abschnitt in der Simulation das Bauteil mit Hilfe der Koordinatensysteme ausgerichtet wird, entspricht die Plazierung des CAD-Modells noch nicht exakt sondern nur ungefähr der realen Bauteillage.

Betrachtet man die Antastpunkte wiederum als Anschläge für das Bauteil, so bedeutet dies, daß die Bauteiloberfläche noch nicht an den Anschlägen anliegt. Hier beginnt nun die numerische Optimierung. Für jeden Antastpunkt wird dazu jeweils der kleinste Abstand zur Bauteiloberfläche berechnet (Bild 6.7).

$$l_i = \min(\overline{A_i P}), \qquad \begin{array}{l} A_i \quad i-ter\ Antastpunkt \\ P \quad Punkt\ auf\ Bauteiloberfläche \end{array} \qquad \text{(Gl. 6.3.)}$$

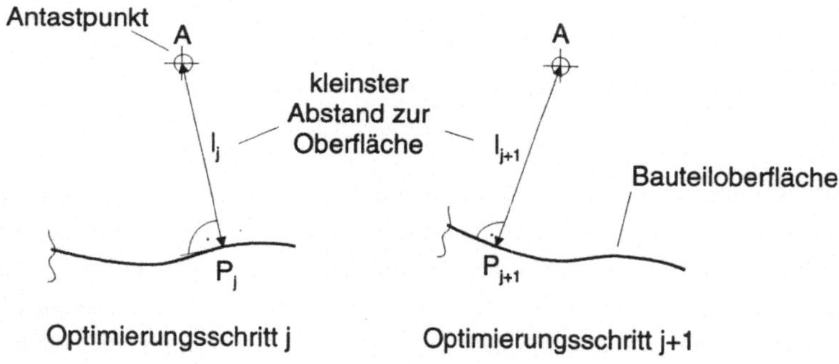

Bild 6.7: Berechnung des Abstandes zwischen den Antastpunkten und der Bauteiloberfläche

Anschließend werden die Quadrate der einzelnen Abstände zur Bewertung des Optimierungsschritts zu einem Gesamtgütewert aufsummiert.

$$Gütewert = \sum_{i=1}^{n} l_i^2, \quad n = Anzahl\ der\ angetasteten\ Punkte \qquad \text{(Gl. 6.4.)}$$

Mit Hilfe des Optimierungsverfahrens wird das Bauteil so lange neu plaziert, bis die Abstände zwischen der Bauteiloberfläche und den Abtastpunkten minimal sind oder die maximale Anzahl der Optimierungsschritte erreicht wird.

Zur Prüfung des Verfahrens wurde zunächst in die Simulation das CAD-Modell eines Bauteils geladen und die in Bild 6.8 dargestellten Antastpunkte bestimmt, die somit die „Anschläge" für das zu kalibrierende Bauteil bildeten. Anschließend wurde das Bauteil verschoben und verdreht. Die translatorische Verschiebung betrug 5 mm in jede Koordinatenrichtung und die rotatorische Verdrehung jeweils 5° um die x-, y- und z-Achse.

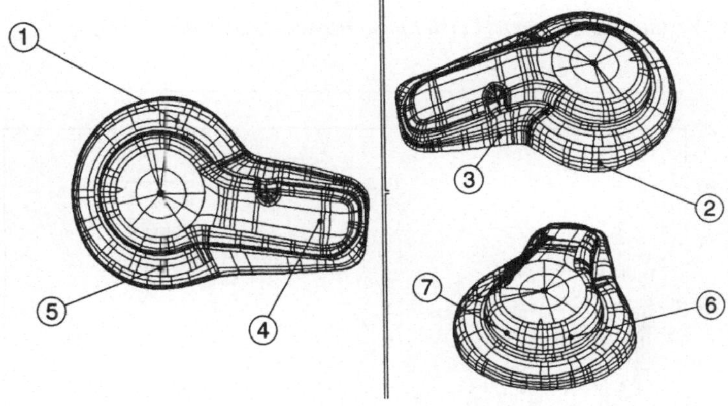

Bild 6.8: Antastpunkte am Bauteil „Generatordeckel"

Bild 6.9 zeigt den Verlauf des ermittelten Gütewerts während der numerischen Kalibrierung. In Bild 6.10 hingegen sind die Verläufe der Abstände zur Bauteiloberfläche der Punkte 4, 5, 6 nach der Notation von Bild 6.8 dargestellt. Die Berechnung erfolgte in zwei Stufen. Nach insgesamt 236 Berechnungsschritten betrug der Gütewert 0.01881. Für die einzelnen Punkte ergaben sich die in Tabelle 6.1 aufgeführten Abstände zur Bauteiloberfläche.

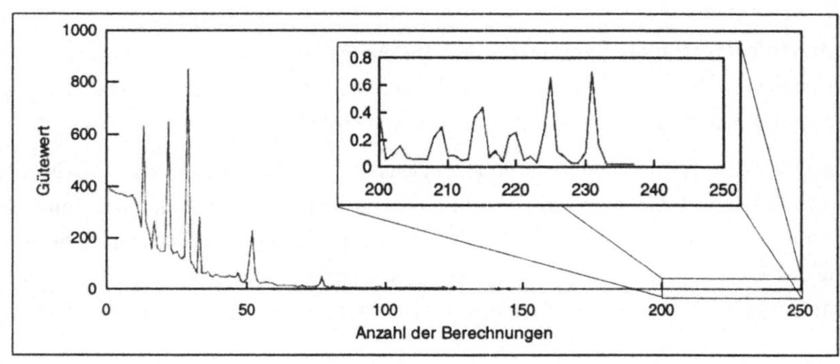

Bild 6.9: Verlauf des Gütewerts bei der numerischen Bauteilkalibrierung

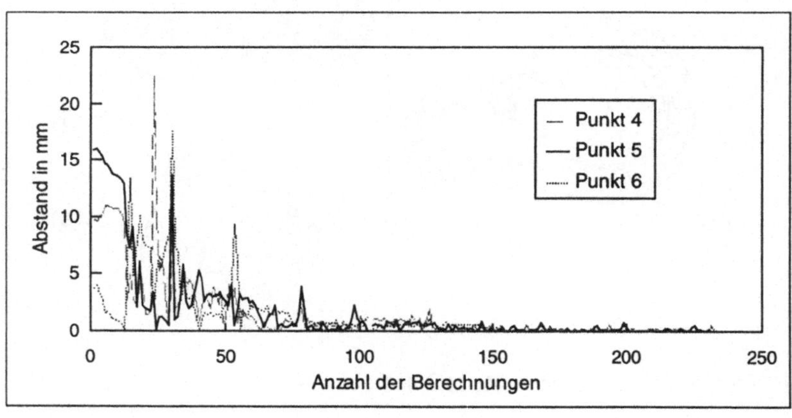

Bild 6.10: Verlauf der Abstände ausgewählter Punkte zur Bauteiloberfläche

Punkt:	1	2	3	4	5	6	7
Abstand:	0.0096	0.0146	0.0676	0.0262	0.1145	0.0061	0.0098

Tabelle 6.1: Abstände zur Bauteiloberfläche nach der Optimierung

Abschließend wird in Bild 6.11 die Kalibrierung der Bauteillage mit Hilfe der numerischen Optimierungsalgorithmen verdeutlicht. Abgebildet ist die Lage des zu kalibrierenden Bauteils (schattierte Darstellung) im Vergleich zur Endlage (Drahtmodelldarstellung) zu Beginn der Optimierung, nach dem 25., 50. 75. und 100. Berechnungsschritt sowie am Ende der Optimierung.

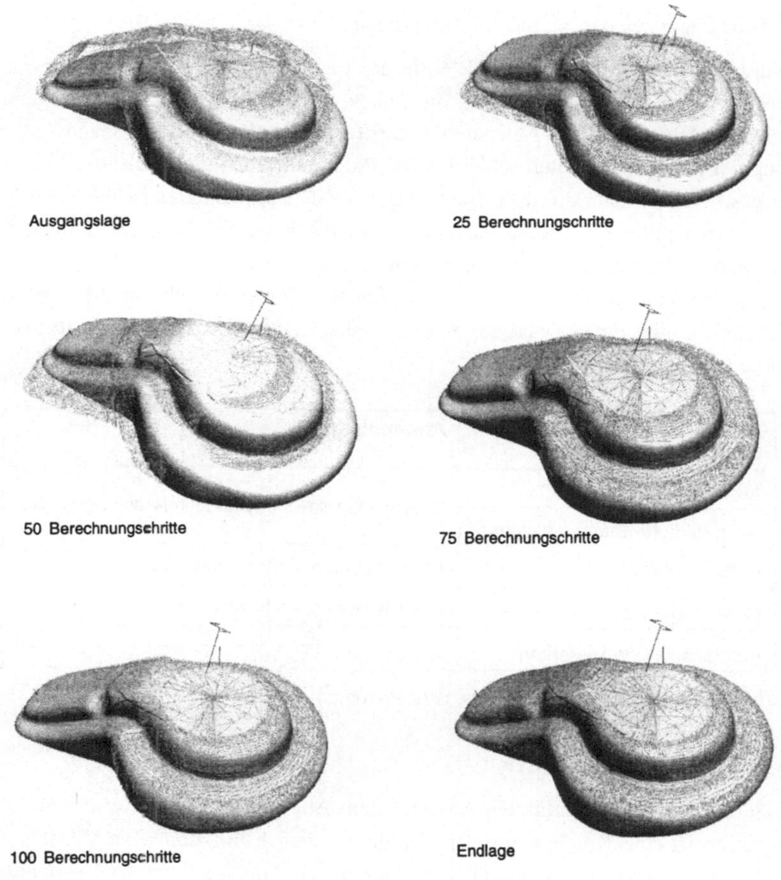

Bild 6.11: Kalibrierung der Bauteillage durch numerische Optimierung

6.1.4 Zusammenfassung der Methoden zum Abgleich zwischen Simulation und Realität

Wie in den Abschnitten 6.1.1 bis 6.1.3 gezeigt wurde, stehen unterschiedliche Methoden zum Abgleich zwischen Simulation und Realität zur Verfügung. Welche der einzelnen Methoden für einen konkreten Bearbeitungsfall richtig ist, hängt von den Randbedingungen der Bearbeitungsaufgabe ab.

Wurde die Lage des Bauteils mit Hilfe der Layoutoptimierung ermittelt, so muß diese vom Programmiersystem auf die Anlage übertragen werden. Die dazu geeigneten Verfahren sind die Aufspannvorschrift und die NC-gefertigte Spannvorrichtung. Ist jedoch das Bauteil schon vor der Programmgenerierung auf der Maschine aufgespannt, so kann die reale Bauteillage mittels Dreipunktkalibrierung oder numerischer Optimierung in die Simulation übertragen werden. In diesem Fall ist die Dreipunktkalibrierung zu empfehlen, wenn bereits Kalibrierpunkte auf dem Bauteil angerissen sind, und die numerische Optimierung, wenn Kalibrierpunkte fehlen. Tabelle 6.2 gibt einen Überblick über die verschiedenen Methoden und ihre Anwendungsfälle.

Art des Abgleichs zwischen Realität und Simulation	Anwendungsfall
Aufspannvorschrift	Bauteillage mittels Layoutoptimierung berechnet
NC-gefertigte Spannvorrichtung	
Dreipunktkalibrierung	Kalibrierpunkte bereits angerissen
Numerische Optimierung	Keine Kalibrierpunkte vorhanden
Kombination der Verfahren	immer

Tabelle 6.2: Anwendungsfälle der verschiedenen Kalibriermethoden

Kombination der Verfahren

Zusätzlich zu den aufgeführten Ansätzen zum Abgleich zwischen Realität und Simulation ist eine Kombination der Verfahren möglich. So kann eine Vorrichtung NC-gestützt gefertigt und anschließend an der Maschine die Lage der Vorrichtung kalibriert werden. Dies ist der richtige Ansatz, wenn die Aufspannung einer NC-gefertigten Vorrichtung nicht bekannt ist. Ebenso ist eine Kombination von Aufspannvorschrift und Kalibrierung möglich. Dieses Vorgehen bietet sich an, um anhand der Aufspannvorschrift das Bauteil an eine mit Hilfe der Layoutoptimierung errechneten Lage anzunähern und anschließend mittels Kalibrierung die exakte Lage des Bauteils zu erfassen.

6.2 Programmübertragung

Zur Fertigung müssen die Programme an die Anlage übertragen werden. Die Programmübertragung kann beispielsweise mit Hilfe von externen Datenträgern, wie etwa Computer-Disketten, erfolgen. Oft ist aber auch eine Datenfernübertragung möglich. Viele Anlagen bieten dazu die Funktion des DNC-Betriebs, das heißt die Möglichkeit zur direkten Daten- und Befehlsübertragung von einem übergeordneten Rechner an die Steuerung. Von besonderem Interesse ist hierbei die Einbindung der Fertigungsanlage über ein Rechnernetzwerk. Dies ermöglicht es, den Ort der Produktionsanlage und des Programmierrechners frei wählen und zugleich mit einem Programmiersystem die Programme für mehrere Anlagen erstellen und an sie mit geringem Aufwand übertragen zu können.

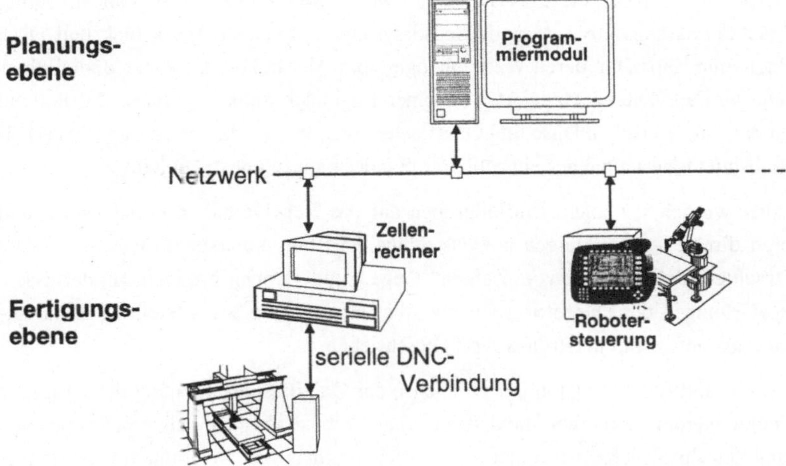

Bild 6.12: Netzwerkanbindung von Fertigungsanlagen

Ältere Anlagen erlauben lediglich einen DNC-Betrieb über serielle Schnittstellen und keine direkte Einbindung in ein Rechnernetzwerk. Hier kann die Netzwerkanbindung in der Regel über einen Zellenrechner erfolgen. Dieser ist für den DNC-

Betrieb seriell mit der Steuerung verbunden und sorgt mit Hilfe einer Netzwerkkarte für den Anschluß an das Firmennetzwerk. Neuere Steuerungen hingegen, wie beispielsweise die KRC1, können direkt in Netzwerke eingebunden werden (Bild 6.12).

Die Einbindung der Anlage in das Rechnernetz bringt mehrere Vorteile mit sich. So wird die Übertragung der offline erstellten Programme erleichtert. Darüber hinaus eröffnet sich die Möglichkeit, Daten auch von der Anlage zu erfassen und an die Planungsebenen zurückzuführen, um sie dort zur Überwachung und Steigerung der Fertigungsqualität zu nutzen.

6.3 Einsatz der Abstandssensorik zur Qualitätsüberwachung

Im Rahmen dieser Arbeit wurde ein Ansatz entwickelt, um die Anlage selbst und ihre Peripherie zur Qualitätssteigerung und -sicherung einzusetzen. Im Mittelpunkt dieses Ansatzes steht die beim Laserstrahlschneiden eingesetzte Abstandssensorik.

Wie bereits in Abschnitt 2.2.4 dargestellt wurde, werden für die Abstandsmessung in der Praxis kapazitiv messende Sensorsysteme verwendet. Werkstück und Düse bilden eine Kapazität, deren Wert abhängig vom Abstand der Düse zur Bauteiloberfäche variiert. Dieser Meßwert wird einer Regelelektronik zugeführt, die laufend den Abstand zwischen Düse und Oberfläche korrigiert, so daß der vorgegebene Düsenabstand innerhalb eines einstellbaren Bandes nahezu konstant bleibt.

Bisher wurden vor allem Einflußgrößen auf das Regelverhalten der Sensorik und deren direkte Auswirkungen auf das Schneidergebnis untersucht. *Schwarz (1994)* betrachtete den Einfluß von Kanten, Stegen und rampenförmigen Hindernissen. Auswirkungen der Düsenform auf die Abstandsregelung bei Anstellung des Bearbeitungskopfes sind in *(Kallies 1995)* beschrieben.

Die Abstandsregelung kann jedoch ebenso zur Qualitätsüberwachung der Fertigung genutzt werden. Am iwb stand dazu eine Abstandssensorik mit einer separaten, schnellen Zusatzachse und einer eigenen Steuereinheit zur Regelung des Abstandes zur Verfügung. Bild 6.13 zeigt den prinzipiellen Aufbau des Sensorsystems. Aus der Steuerelektronik können sowohl der Ist-Abstand als auch das Weggebersignal der Zusatzachse ausgelesen werden. Diese Informationen liegen in Form von Spannungssignalen vor. Der Ist-Abstand gibt dabei den Abstand zwischen Düse und Bauteiloberfläche wieder, während das Weggebersignal aussagt, wie weit die Düse von der Zusatzachse aus der Nullage ausgelenkt wurde.

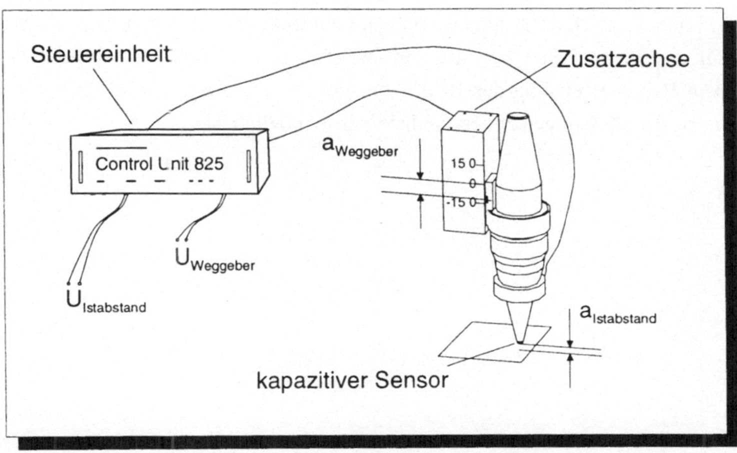

Bild 6.13: Auslenkung und Ist-Abstand stehen als Spannungssignale zur Verfügung

Die Auswertung beider Signale ergibt die Abweichung der aktuellen Fokuslage von der vorgegebenen Lage aus den CAD-Daten. Bei fehlerhaften Teilen, deren Geometrie deutlich von der Sollgeometrie des Bauteils abweicht, muß die Abstandssensorik die Fokuslage stärker korrigieren als bei Gutteilen, bei denen nur geringe Abweichungen von der Sollgeometrie vorliegen. Die Auslenkung der Zusatzachse zusammen mit dem Ist-Abstand spiegelt daher die auftretenden Abweichungen zwischen Soll- und Istlage des Fokus wieder (Bild 6.14), wodurch beispielsweise Änderungen an der Bauteilgeometrie innerhalb einer Serie erkannt werden können.

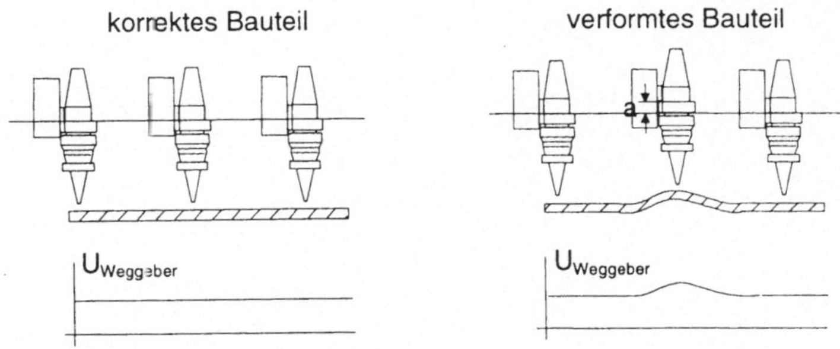

Bild 6.14: Fehlerhafte Verformungen im Bauteil spiegeln sich im Hub der Zusatzachse wieder

Ebenso können falsch aufgespannte Bauteile entdeckt und nach dem Schneiden gezielt auf ihre Genauigkeit hin überprüft werden. Der Verlauf der Abweichungen wird dem Bediener entlang des Bearbeitungspfades angezeigt, so daß eine genaue Zuordnung der Messungen zur Bauteilgeometrie möglich ist.

7 Anwendungsbeispiele

7.1 Systembedienung

Die Bedienung des Offline-Programmiersystems folgt den Anforderungen der Bearbeitung. Zur Handhabung des Systems steht dem Bediener eine grafische Benutzeroberfläche zur Verfügung, über die seine Eingaben erfolgen und Informationen bereitgestellt werden.

Die Fertigung eines Bauteils wird im System als sogenannte Bearbeitungsaufgabe verwaltet. Für ein neu zu bearbeitendes Bauteil folgt die Programmerstellung dem in Bild 7.1 dargestellten Ablauf.

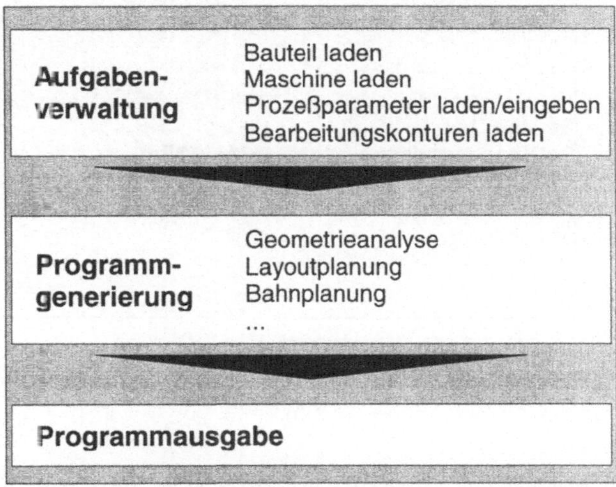

Bild 7.1: Gesamtablauf der Programmgenerierung

Zuerst wird eine neue Bearbeitungsaufgabe angelegt und das zu bearbeitende Bauteil importiert Anschließend wird aus einer Anlagendatenbank die Maschine ausgewählt, auf der das Bauteil gefertigt werden soll. Die Visualisierung der Anlagen erleichtert dabei die Auswahl (Bild 7.2).

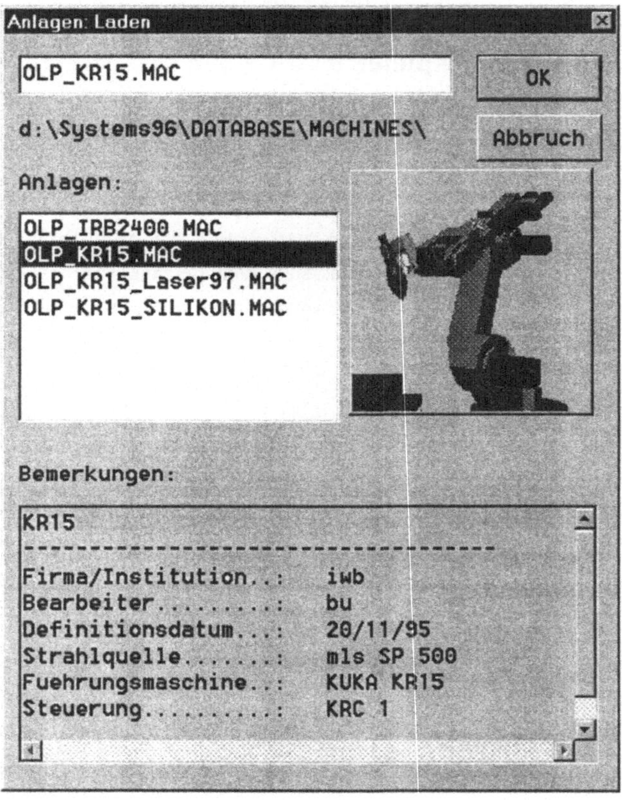

Bild 7.2: Auswahl der Bearbeitungsmaschine

Falls eine Maschine mit verschiedenen Bearbeitungsköpfen genutzt wird, müssen für eine Anlage unterschiedliche Geometriemodelle und Parametersätze bereitgestellt werden. Dies wird dadurch ermöglicht, daß für jede Maschinenkonfiguration ein eigener Eintrag in der Anlagendatenbank angelegt wird. So kann die Programmierung auch bei wechselnden Bearbeitungsköpfen erfolgen.

Im nächsten Schritt werden die bei der Bearbeitung, und somit auch bei der Programmierung, zu beachtenden Parameter, wie etwa die erlaubten Anstellwinkel, festgelegt. Dazu können bereits definierte Datensätze aus einer Datenbasis aufgerufen werden. Ist kein passender Datensatz vorhanden, kann ein neuer Datensatz angelegt und die gewünschten Parameterwerte eingegeben werden. Neu angelegte Datensätze werden in die systemeigene Datenbasis übernommen und stehen somit für folgende Bearbeitungsaufgaben zur Verfügung.

Abschließend werden die Bearbeitungskonturen geladen, die die Informationen über den Verlauf des Beschnitts enthalten. Das System erfragt dabei zielgerichtet vom Bediener ergänzende Informationen, wie den Startpunkt der Bearbeitung bei geschlossenen Konturen oder die Bearbeitungsseite.

Die Programmgenerierung erfolgt mit Hilfe der Planungsmodule. Jedoch hat der Programmierer ebenso die Möglichkeit zum interaktiven Eingreifen. Dies kann durch Variation der Steuerparameter der Planungsmodule oder durch direkte Manipulation am Bearbeitungspfad geschehen. So besteht beispielsweise die Möglichkeit, einzelne Stützpunkte oder Gruppen von Stützpunkten gezielt in diskreten Schritten oder mit numerischer Vorgabe anzustellen (Bild 7.3).

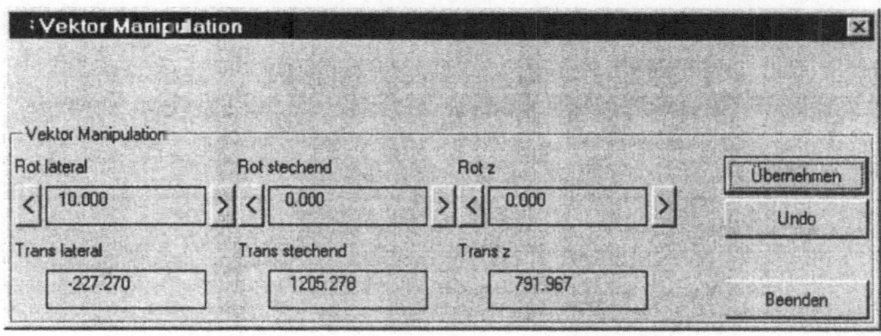

Bild 7.3: Bildschirmdialog zum manuellen Anstellen von Bearbeitungsstützpunkten

Die systeminterne Verwaltung charakteristischer Bahnsequenzen als eigenständige Technologieelemente, erleichtert das interaktive Eingreifen des Programmierers. So läßt sich die Anschnittstrategie einfach ändern, indem durch Tastendruck eine andere, vordefinierte Methode zum Anschneiden ausgewählt wird (Bild 7.4). Die durch den Wechsel der Anschnittstrategie nötigen Änderungen im Bearbeitungspfad, wie das Einfügen bzw. Löschen von Stützpunkten und die Eintragung der benötigten Zusatzinformationen, führt das Programmiersystem automatisch durch.

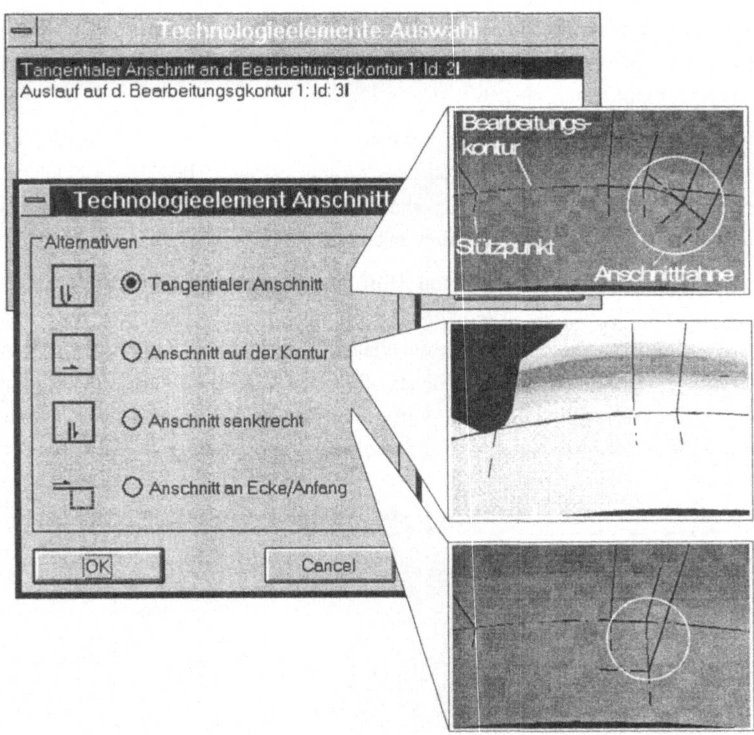

Bild 7.4: Auswahl des Technologieelements Anschnitt

7.2 Layoutoptimierung und Bahnplanung

Mit Hilfe des Moduls zur Optimierung der Werkstückraumlage kann das Bauteil automatisch innerhalb des Arbeitsraums plaziert werden. Ziel ist, eine Aufspannung zu ermitteln, die den Anforderungen bezüglich Erreichbarkeit und Kollisionsfreiheit genügt und die zudem günstig für die Bearbeitung ist. Zur Lösung des Optimierungsproblems wurden verschiedene numerische Lösungsverfahren in das Programmiersystem integriert. Sie zählen alle zur Klasse der direkten Suchverfahren.

Es wurden sowohl klassische Lösungsalgorithmen als auch ein stochastisches Suchverfahren aus der Klasse der evolutionären Algorithmen im System implementiert. Bei dem stochastischen Suchverfahren handelt es sich um eine „differential evolution" genannte Methode von *Storn & Price (1995)*, deren grundlegende Idee darin besteht, neue Parametervektoren zu generieren, indem der gewichtete Differenzvektor zweier Parametervektoren zu einem dritten hinzugezählt wird. Verschiedene Ausprägungen dieser Methode stehen im System zur Verfügung.

Sowohl mit den klassischen als auch mit dem stochastischen Suchverfahren wurden Aufgaben zur Optimierung der Bauteillage gelöst. Bild 7.5 bis Bild 7.7 geben eine Optimierung der Bauteilraumlage mit Hilfe des klassischen Hook-Jeeves-Verfahrens wieder. Bild 7.5 zeigt die Ausgangslage der Optimierungsaufgabe.

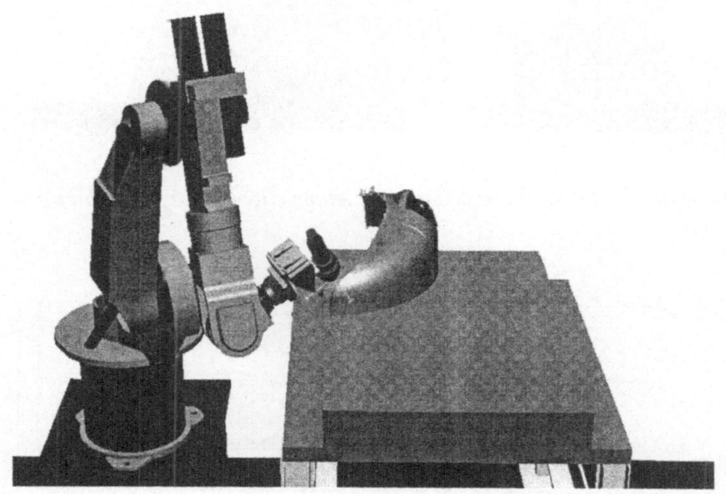

Bild 7.5: Ausgangssituation vor der Optimierung

In Bild 7.6 ist die Lage des Bauteils nach der Optimierung abgebildet. In Bild 7.7 wiederum sind die Verläufe der für die Optimierung freigegebenen Variablen sowie der zugehörige Verläuf des Gütewerts dargestellt. Das Bauteil konnte in allen translatorischen Richtungen verschoben sowie um die z-Achse, die parallel zur ersten Grundachse des Roboters ausgerichtet ist, gedreht werden. Zu erkennen ist, wie sich anfangs der Gütewert mit variierender Positionierung des Bauteils stark ändert bevor sich das Bauteil in der in Bild 7.6 dargestellten Lage einpendelt.

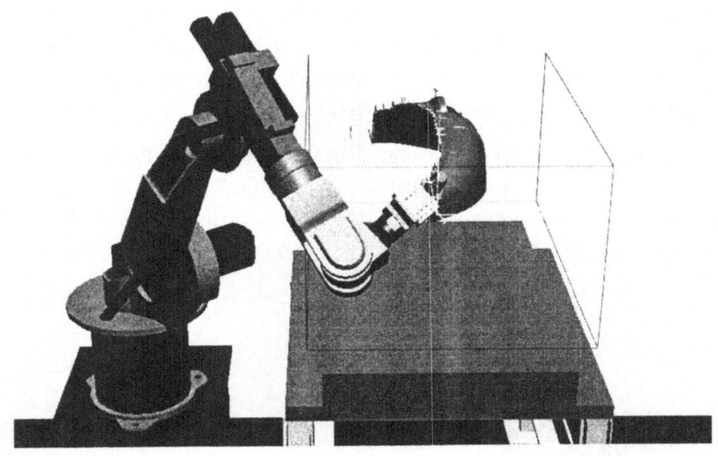

Bild 7.6: Bearbeitungslayout nach der Optimierung (Hook-Jeeves-Verfahren)

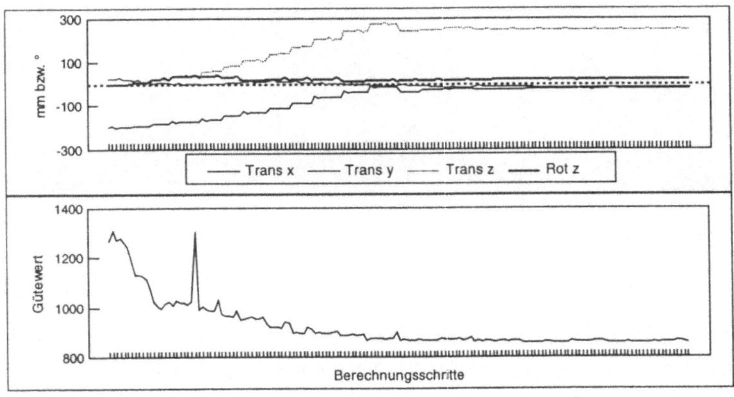

Bild 7.7: Kurvenverläufe der Freiheitsgrade und des Gütewerts

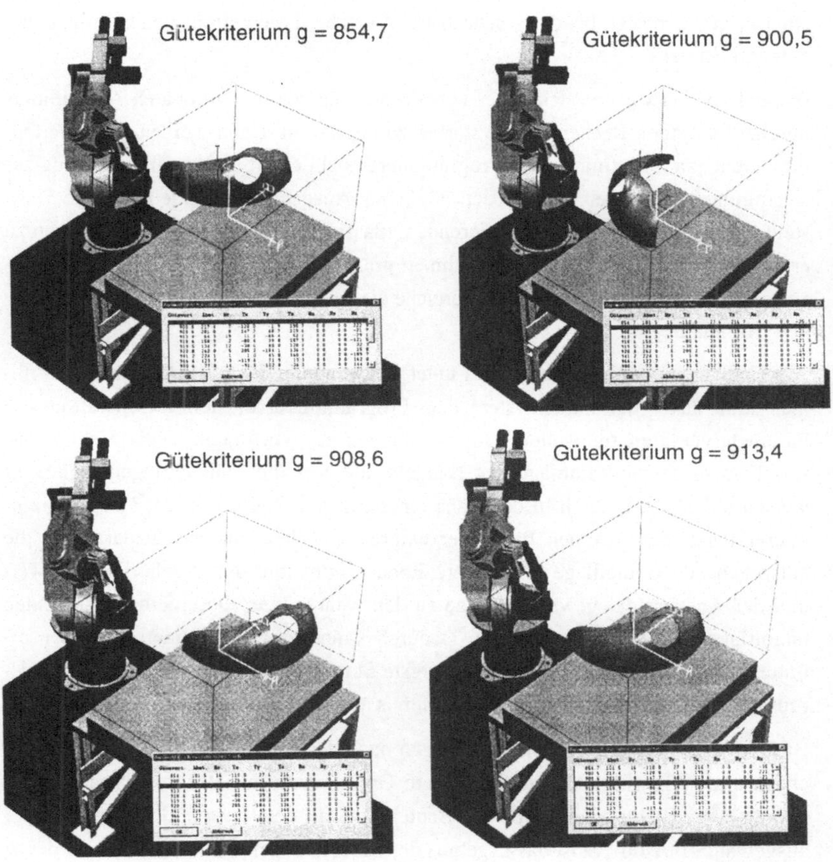

Bild 7.8: Optimierungsergebnisse nach der Optimierung mit Hilfe eines evolutionären Algorithmus (differential evolution)

Da, wie in Abschnitt 5.6.1 beschrieben wurde, evolutionäre Algorithmen die Suche nach dem Optimum von verschiedenen, zufällig gewählten Startpunkten aus beginnen, wird die Gefahr minimiert, daß sie sich sofort in lokale Minima festlaufen. Allerdings konvergieren die evolutionären Algorithmen in der Regel nicht so schnell wie die klassischen Suchverfahren, d.h. es werden zum Teil wesentlich mehr Rechenschritte benötigt, bis das stochastische Verfahren die gefundenen Optima exakt eingegrenzt hat.

In der Praxis erweist es sich daher von Vorteil, die vom evolutionären Algorithmus durchzuführenden Rechenschritte stärker zu begrenzen. Dann werden zwar die Optima nicht exakt bestimmt, dem Programmierer steht damit jedoch ein Werkzeug zur Verfügung, um aus der Vielzahl der möglichen Ausgangslagen eine geeignete Startstellung für die schneller konvergierenden, klassischen Optimierungsalgorithmen zu ermitteln. Denn evolutionäre Algorithmen grenzen im Laufe der Berechnungen innerhalb des Lösungsraums gezielt Bereiche ein, in denen mit hoher Wahrscheinlichkeit Minima liegen.

Am Ende eines Optimierungslaufes unter Verwendung des evolutionären Algorithmus stellt das Programmiersystem dem Programmierer die letzte Generation von Parametervektoren für weitere Untersuchungen zur Verfügung. Jeder Vektor entspricht dabei einer Raumlage des Bauteils und Vektoren mit geringem Gütewert weisen auf einen Bereich in der Nähe eines lokalen Optimums hin. Der Programmierer kann die einzelnen Parametervektoren anwählen und erhält daraufhin die entsprechende Bauteillage visualisiert. Ebenso wird ihm der zugehörige Gütewert und der Abstand der gewählten Lage zu den während der Optimierung entdeckten ungültigen Bauteillagen angezeigt. Dadurch kann der Programmierer aus den ermittelten Bauteillagen die für ihn günstigste Startposition für eine weitere Optimierung mit Hilfe eines klassischen Algorithmus aussuchen.

Bild 7.8 zeigt die vier besten Bauteillagen nach der Optimierung mit Hilfe des stochastischen Algorithmus. Für die weitere Optimierung mit Hilfe der Strategie der konjugierten Richtungen wurde die Bauteillage mit dem besten Gütewert g=854,7 ausgewählt. In Bild 7.9 ist das Ergebnis der Berechnungen dargestellt. Der zu dieser Bauteillage gehörige Gütewert beträgt 805,1.

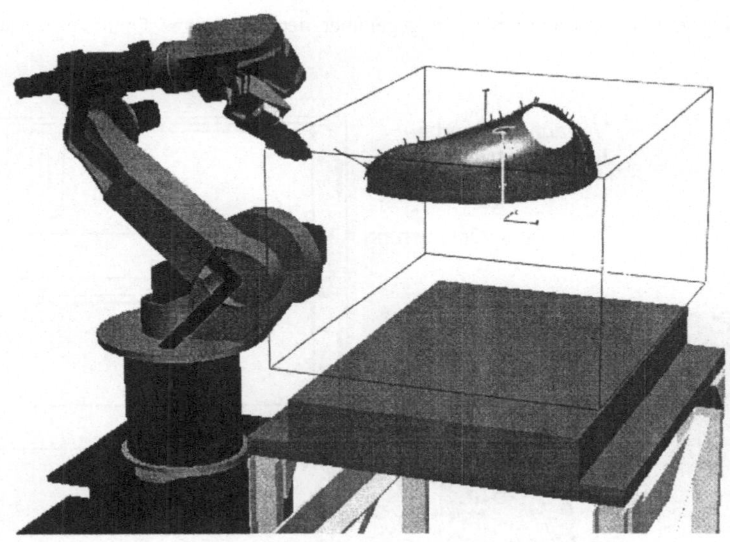

Bild 7.9: Bauteillage nach der Optimierung unter Verwendung der Strategie der konjugierten Richtungen

Bahnplanung

Aufgabe der Bahnplanung ist es, für einen ruhigen Bewegungsverlauf des Bearbeitungskopfes zu sorgen. Vor allem an kritischen Konturelementen ist der Einsatz entsprechender Bahnplanungsstrategien nötig. Bild 7.10 verdeutlicht dies.

Dargestellt ist der Geschwindigkeitsverlauf des Tool-Center-Points, ermittelt mit Hilfe der PC-Steuerung, einmal ohne Optimierung der Bahn und einmal mit Bahnoptimierung. Es ist deutlich zu erkennen, wie durch das vorlaufende bzw. nachlaufende Anstellen des Bearbeitungskopfes Geschwindigkeitseinbrüche vermieden bzw. deutlich reduziert werden können. Die Freiheit zum Anstellen des Bearbeitungkopfes betrug hier bis zu 30°. Die Ausrichtung der Vektoren konnte sowohl lateral als auch in Bewegungsrichtung modifiziert werden.

Ebenso ist zu erkennen, wie durch den gleichmäßigeren Bewegungsverlauf die Bearbeitungszeit der optimierten Bahn gegenüber der Bahn ohne Optimierung abnimmt.

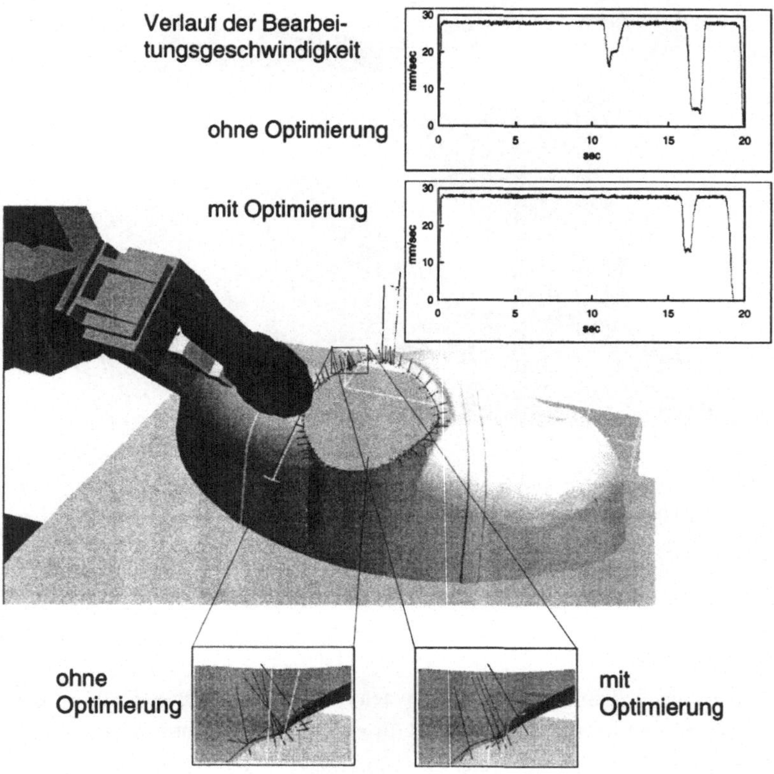

Bild 7.10: Verbesserung des Bewegungsverhaltens durch Bahnplanungsstrategien

7.3 Integration der Abstandsregelung

Neben den Algorithmen zur Berücksichtigung der Abstandsregelung bei der Bahnplanung (vgl. Abschnitt 5.5.3) wurden Funktionen in das Programmiersystem integriert, um die Abstandssensorik zur Überwachung der Bearbeitungsqualität nutzen zu können. Dazu werden das Weggebersignal und das Abstandssignal des Sensorsystems während der Bearbeitung vom Roboter erfaßt und an das Programmiersystem weitergeleitet. Dort werden die gemessenen Werte mit der Bearbeitungsaufgabe verknüpft und entlang der Bahn dargestellt. Die so erhaltenen Informationen dienen dem Programmierer zur Qualitätskontrolle der Bearbeitung, da er beispielsweise Änderungen der Bauteilgeometrie oder der Aufspannung innerhalb einer Serie wahrnehmen kann. Kritische Konturelemente mit hohen Abweichungen oder falsch aufgespannte Bauteile können so erkannt und nach dem Schneiden gezielt auf ihre Genauigkeit hin überprüft werden.

In Bild 7.11 ist der Verlauf der Abweichungen des Bearbeitungspunktes von der CAD-Vorgabe in Richtung der Düsenachse entlang des Pfades dargestellt. Die Aufnahme der Meßsignale während der Programmausführung erfolgte mit einer analogen Eingabekarte des verwendeten Roboters. Meßwerte und Roboterposition wurden dabei unter Einsatz von Interruptfunktionen der Steuerung (S4) im Abstand von jeweils ca. 500 ms ausgelesen und abgespeichert.

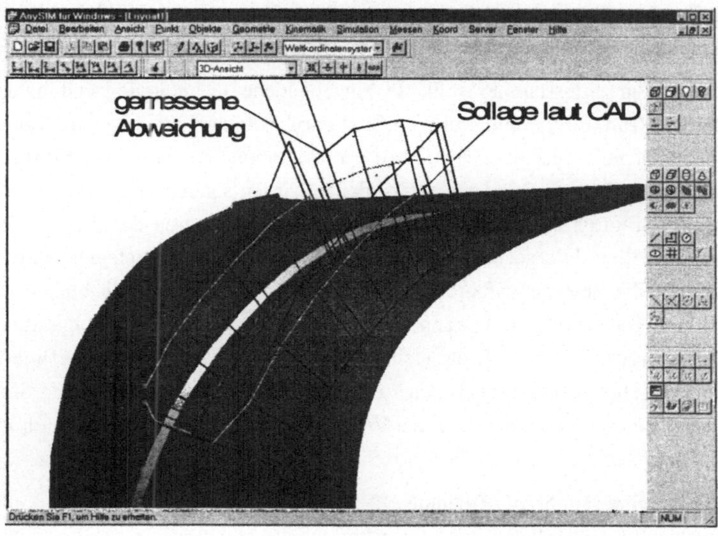

Bild 7.11: Abweichung der Fokuslage von den CAD-Daten

8 Bewertung

Abschließend wird darauf eingegangen, welcher Nutzen sich durch die technologie- und anlagenorientierte Offline-Programmierung und die Berücksichtigung der gesamten Prozeßkette von der Konstruktion bis zur Fertigung bei der informationstechnischen Integration der Lasermaterialbearbeitung ergibt.

Die rechnergestützte Offline-Programmierung von 3D-Laseranlagen bringt sowohl wirtschaftliche als auch technische Vorteile mit sich (vgl. auch Tabelle 8.1). Die Programmierzeiten werden von der Anlage weg ins Fertigungsvorfeld verlagert, so daß die Laseranlage auch während der Programmgenerierung für die Produktion von Bauteilen zur Verfügung steht. Dadurch steigt die Produktivität der Anlage und ihre hohen Investitionskosten amortisieren sich schneller.

Im Gegensatz zum Teach-In an der Anlage oder einer Teach-Station kann zudem das Anreißen der Bauteile entfallen, das auf Grund der komplexen Konturen sehr aufwendig ist und sogar noch mehr Zeit in Anspruch nehmen kann als das Teachen selbst. Das Anreißen stellt daher einen erheblichen Kostenfaktor dar, dessen Einsparung bereits die rechnergestützte Offline-Programmierung rechtfertigt.

Die in eine geschlossene Prozeßkette eingebundene technologie- und anlagenorientierte Offline-Programmierung eröffnet darüber hinaus noch weitere Vorteile. So nimmt beispielsweise die Genauigkeit der Programme zu, da mit der Einsparung des Anreißens nicht nur die damit verbundenen Kosten sondern auch mögliche Ungenauigkeiten durch Fehler im Anriß und unpräzises Anfahren des Anrisses beim Teachen entfallen. Die gezielte Anwendung von Bearbeitungsstrategien wird vereinfacht und die Bewegungsführung auf die Eigenschaften des Handhabungsgerätes abgestimmt. Die Laserleistung kann einfach an die jeweilige Bearbeitungssituation angepaßt werden. Zudem hilft die technologie- und anlagenorientierte Offline-Programmierung, die Bearbeitungszeiten zu verkürzen (vgl. Abschnitt 7.2) und die dynamischen Belastungen und somit den Verschleiß der Handhabungsgeräte zu reduzieren. Dies wiederum steigert die Wirtschaftlichkeit der Anlagen.

Wichtig für eine möglichst effiziente Offline-Programmierung aber ist, daß alle in der Prozeßkette beinhalteten Arbeitsschritte auf die rechnergestützte Programmierung abgestimmt werden. Denn die Konstruktion beeinflußt maßgeblich die Programmierbarkeit und Fertigbarkeit der Bauteile und somit den Aufwand für die Programmierung. Zudem ist eine durchgehende Prozeßkette Voraussetzung dafür, daß die Vorteile der rechnergestützten Programmierung nicht durch ungeeignete CAD-Daten oder einen ungenauen Abgleich zwischen Simulation und Realität verloren gehen.

Verfahren / Kriterium	Teach-In an der		technologie- und anlagenorientierte rechnergestützte Offline-Programmierung
	Anlage	Teach-Station	
Blockade der Bearbeitungsmaschine	-	o	+
Aufwand für das Anreißen der Bauteile	-	-	+
Aufwand für CAD-Modellierung	+	+	-
Aufwand zur Kalibrierung des Bauteils	+	o	o
Fehler durch ungenaues Anreißen und Anfahren von Bearbeitungspunkten	-	-	+
Unterstützung bei der Anwendung von Bearbeitungsstrategien und gezielten Nutzung von Freiräumen	-	-	+

Tabelle 8.1: Vergleich der Programmierverfahren

9 Zusammenfassung und Ausblick

Zunehmender Wettbewerb zwingt zur Einführung innovativer Fertigungstechnologien. Aus diesem Grund konnte sich die 3D-Laserstrahlmaterialbearbeitung schnell in der Fertigungstechnik etablieren. Gerade in der räumlichen Blechbearbeitung haben sich Laserschneidanlagen zum Beschnitt von Kleinserien- und Prototypenbauteilen durchgesetzt, weil sie es ermöglichen trotz hoher Variantenvielfalt kleine Losgrößen wirtschaftlich zu fertigen. Wichtig für eine hohe Produktivität der 3D-Laserstrahlmaterialbearbeitung aber ist ihre effektive Integration in den Produktionsprozeß, bei der der informatonstechnischen Einbindung zunehmend Bedeutung zukommt.

Ziel dieser Arbeit war es daher, Strategien für die effiziente informationstechnische Integration von 3D-Laseranlagen zu entwickeln. Dazu wurde die gesamte Prozeßkette von der Konstruktion über die Arbeitsvorbereitung bis zur Fertigung analysiert und aus den Untersuchungen Methoden für einen wirkungsvollen Rechnereinsatz abgeleitet. So wurde aufgezeigt, wie fertigungsgerecht modelliert und bei fehlenden oder fehlerhaften 3D-CAD-Daten mit Hilfe des Digitalisierens das für die Offline-Programmierung nötige aktuelle Geometriemodell geschaffen werden kann.

Im Mittelpunkt der Arbeiten stand die Entwicklung von Strategien zur anlagen- und technologieorientierten Offline-Programmierung, die die Freiheiten zur Aufspannung des Bauteils und zur Ausrichtung der Bearbeitungsdüse nutzen, um Restriktionen des Handhabungsgeräts zu kompensieren. Im entwickelten Programmiersystem wird dazu zunächst ein unter Zuhilfenahme geometrischer Betrachtungen optimierter Bewegungspfad generiert, bevor die Bauteillage und Roboterbewegungen optimiert werden. Für diese Aufgaben wurden Module entwickelt, die automatisch das Bauteil plazieren, für eine Bauteillage die Bewegungen des Handhabungssystems festlegen und schließlich unter Berücksichtigung relevanter Bewertungskriterien den jeweiligen Optimierungsschritt beurteilen. Zur Lösung der Optimierungsaufgaben wurden verschiedene numerische Verfahren in das System integriert. Für eine exakte Überprüfung der Anlagenbewegung und entsprechende Anpassung der Technologieparameter wurde zudem eine Anbindung eines originalen Steuerungsrechners an das Programmiersystem geschaffen.

Zum Abgleich zwischen Simulation und Realität wurden verschiedene Ansätze aufgezeigt und ein Verfahren zur Kalibrierung der Bauteillage mittels numerischer Optimierung entwickelt, bei dem das exakte Anreißen von Kalibrierpunkten entfallen kann. Darüber hinaus wurde ein Ansatz entwickelt, mit dem die Laseranlage durch ihre informationstechnische Integration zur Qualitätskontrolle der Bearbeitung genutzt werden kann. Anhand von Beipielen wurde schließlich die Anwendung des Programmiersystems aufgezeigt.

Neben dem räumlichen Laserstrahlschneiden gibt es weitere Bahnapplikationen mit vergleichbaren Anforderungen an die Genauigkeit der Bearbeitung und an das Bewegungsverhalten der Handhabungsgeräte. Zu nennen sind hier das Wasserstrahlschneiden oder der Auftrag hochviskoser Dichtmassen. Auch für diese Bearbeitungsverfahren gilt es, zur Optimierung der Fertigungsergebnisse Restriktionen der Anlagen durch Ausnutzung möglicher Freiräume zu kompensieren. Dazu können viele der für die Laserstrahlbearbeitung erarbeiteten Lösungen auf das Wasserstrahlschneiden und den Silikonauftrag übertragen werden. Denn auch für diese Bearbeitungsverfahren erleichtert eine automatische Layoutplanung die Ermittlung einer sicheren und für die Bearbeitung günstigen Aufspannung. Ebenso verbessert eine technologieorientierte Bahnplanung das Bearbeitungsergebnis.

Für eine Integration dieser neuen Bearbeitungsverfahren in die anlagen- und technologieorientierte Offline-Programmierung kann auf die bestehenden Basisbausteine aufgesetzt werden. Diese müssen jedoch noch an die speziellen technologischen Anforderungen der neuen Verfahren angepaßt werden

10 Literatur

Ahle 1997

Ahle, M.: Innovationsmanagement - Von der Produktidee zum Markterfolg. In: Milberg, J., Reinhart, G. (Hrsg.): Münchener Kolloquium '97 Mit Schwung zum Aufschwung: Information - Inspiration - Innovation. Landsberg/Lech: mi, Verl. Moderne Industrie 1997, S. 301-316.

Roboter-Markt 1996

N.N.: Die Realität übertrifft alle Erwartungen, Roboter-Markt 1996, S. 8-10.

Bäck et al. 1993

Bäck, T.; Hammel, U.; Schwefel, H.-P.: Modelloptimierung mit evolutionären Algorithmen. In: Fortschritte in der Simulationstechnik, Band 6, 8.Symposium Simulationstechnik der Arbeitsgemeinschaft Simulation (ASIM), Braunschweig: Vieweg, 1993, S. 49-57.

Backes 1997a

Backes, F.: Technology oriented off-line programming for 3D laser machines, In: Geiger, M., Vollertsen, F. (Hrsg.): Laser Assisted Net shape Engineering 2, Bamberg: Meisenbach, 1997, S. 495-502.

Backes 1997b

Backes, F.: Technologieorientierte Bahnplanung für die 3D-Laserstrahlbearbeitung. Bamberg: Meisenbach, 1997.

Bakowsky & Schnee 1992

Bakowsky, L.; Schnee, D.: 3D-Laserschneiden ohne zu warten. Laser-Praxis, September 1992, S. 103-105.

Bauer 1993

Bauer, L.; Stetter, R. Woenckhaus, C.: USIS - An advanced 3D-Robot Simulation System. In: Kopacek, P. (Hrsg.): Robotics in Alpe-Adria Region. Wien: Springer, 1993, S. 94-98.

Bauer 1995

Bauer, L.: Effektives Arbeiten mit dem Laser durch Offline-Programmierung von 3D-Anlagen. In: Reinhart, G.; Milberg, J. (Hrsg.): Materialbearbeitung mit Laser: von der Planung zur Anwendung. München: Utz, 1995, S. 17-31.

Bauer 1996

Bauer, L.: Robotik und Automatisierung, München: Hanser, Werkstatt und Betrieb 129 (1996) 7-8, S. 696-700.

Bauer et al. 1997

Bauer, L.; Rick, F.; Spitznagel, J.: Optimaler Lasereinsatz. Die Neue Fabrik - Mode Fabrik als Denkmodell (1997), S. 42-43.

Bea et al. 1993

Bea, M.; Giesen, A.; Huegel, H.: Flexible beam expanders with adaptive optics - a new standard in modern beam delivery. In: Laser Applications in the Automotive Industries, 26th Int. Symp. On Automotive Technol. and Automation, Aachen, 1993, S. 223-231.

Bechtloff & Boysen 1994

Bechtloff, J.; Boysen, N.: Spline-gestützte Offline-Programmierung von Industrierobotern, München: Hanser, ZwF 89 (1994) 7-8

Beck 1991

Beck, R.: Laser- und LED-Abstandssensoren als Taster in Robotern, In: Industrieroboter messen und prüfen: Aussprachetag Koln, 12. Und 13 November 1991 / VDI/VDE-Gesellschaft Mess- und Automatisierungstechnik. Düsseldorf: VDI-Verlag 1991, S. 195-204. (VDI Berichte Nr. 921)

Beck 1996

Beck, M.: Modellierung des Lasertiefschweißens. Laser in der Materialbearbei-tung, Forschungsberichte des IFSW, Stuttgart: Teubner, 1996.

Behler et al. 1997

Behler, K.; Habich, U.; Schürmann, B.; Loosen, P.; Poprawe, R.: Trends of laser development and perspectives for the application. In: Geiger, M., Vollertsen, F. (Hrsg.): Laser Assisted Net shape Engineering 2, Bamberg: Meisenbach, 1997, S. 129-142.

Benzinger & Göbel 1990

Benzinger, M.; Göbel Ch.: Integration von CO2-Lasern in Fertigungssysteme für die Blechbearbeitung, VDI-Z 132 (1990), S. 40-45.

Berliner Kreis 1997

Gausemeier, J. (Red.); Fink, A. (Red.): Kurzbericht über die Untersuchung Neue Wege zur Produktentwicklung. S. 9.

Bernhard et al. 1994

Bernhard, R.; Jacobi, A.; Schreck, G.; Willnow, C.: Realistische Simulation von Industrierobotern, ZwF 89 (1994) 4, S. 159-162.

Bernhardt et al. 1992

Bernhardt, R.; Landvogt, W.; Schreck, G.: Off-line-Programmierung von Technologieparametern beim Bahnschweißen, ZwF 87 (1992) 8, S. 443-447.

Biermann 1992

Biermann, S.: Der Abstand bleibt gleich. Laser-Praxis (1992) September, S. 99-102.

Box 1965

Box, M. J.: A new method of constrained optimization and a comparison with other methods. The Computer Journal (1965) 8 , S. 42-52.

Bremer & Drewing 1990

Bremer, C.; Drewing, R.: Freiform-Werkstücke digitalisieren, ZwF-CIM, München, Carl Hanser Verlag, 1990, S. 373-376.

Dausinger & Hügel 1995

Dausinger, F., Hügel, H.: Prozeßadequate Systemtechnik als Schlüssel für das Aluminiumschweißen. In: Geiger, M. (Hrsg.) Schlüsseltechnologie Laser: Herausforderung an die Fabrik 2000, Bamberg: Meisenbach, 1995, S. 211-220.

DIN 1910, Teil 12 1980

DIN 1910, Teil 12: Schweißen: Fertigungsbedingte Begriffe für das Metallschweißen. Berlin, Beuth, 1980.

DIN 66025 1987

DIN 66025, Programmierung numerisch gesteuerter Arbeitsmaschinen - CLDATA, In: DIN Deutsches Institut für Normung e.V. (Hrsg.): NC-Maschinen: numer. Steuerungen; Normen, Berlin: Beuth, 1987.

DIN 66215 1974

DIN 66215, NC-Maschinen Numerische Steuerungen, In: DIN Deutsches Institut für Normung e.V. (Hrsg.): NC-Maschinen: numer. Steuerungen; Normen, Berlin: Beuth, 1987.

DIN 66312 1995

DIN 66312, Industrieroboter - Programmiersprache - Industrial Robot Language (IRL). Berlin: Beuth, 1995

DIN 66301 1986

DIN 66301, Industrielle Automation; Rechnerunterstütztes Konstruieren; Format zum Austausch geometrischer Informationen. Berlin: Beuth, 1986.

Dreyer 1996

Dreyer, S.: Warten auf den Wettbewerb. Roboter+Automation, April 1996, S. 48-50.

Duelen et al. 1991

Duelen, G.; Armbrust, P.; Imam, M.; Loske, B.; Schreck, G.; Zander, H.: Off-line-Programmierung von Schweißrobotern im Schiffbau. ZwF 86 (1991) 8, 1991, S. 387-391.

EN ISO 11145 1994

N.N.: DIN EN ISO 11145, Optik und optische Instrumente - Laser und Laseranlagen - Begriffe und Formelzeichen, 1994.

EOSCAN 1993

EOS GmbH (Hrsg.): EOSCAN 100 USER MANUAL , 8/1993.

Fertigung 1993

N.N.: Kontrollierte Schwenkbewegungen. Fertigung (1993) Juni.

Fetzer 1998

Fetzer, J.: Kollisionsfreie Zusammenarbeit. Laser-Praxis (1998) April. S. 50-51

Roboter + Automation 1996a

N.N.: Direkt auf Achse?, Roboter + Automation (1996) Juni, S. 44-45.

Friedhoff 1997

Friedhoff, J.: Aufbereitung von 3D-Digitalisierdaten für den Werkzeug, Formen- und Modellbau, Essen: Vulkan Verl., 1997. (Schriftenreihe des ISF)

Furrer 1997

Furrer, M.: Marktübersicht CAM-Systeme, CAD-CAM Report (1997) 7, 8, S. 78-84.

Garnich 1992

Garnich, F.: Laserbearbeitung mit Robotern. Berlin: Springer, 1992. (iwb Forschungsberichte 65)

Gebhardt 1997

Gebhardt: Innovative Produktion - Produkt, Markt, Prozeß, Mensch. In: Milberg, J., Reinhart, G. (Hrsg.): Münchener Kolloquium '97 Mit Schwung zum Aufschwung: Information - Inspiration - Innovation. Landsberg/Lech: mi, Verl. Moderne Industrie 1997, S. 203-208.

Geiger et al. 1994

Geiger, M.; Neubauer, N.; Hoffmann, P.: Intelligent processing head for CO_2 material processing. Production Engineering, München, Band 1 Heft 2, 1994, S. 93-98.

Geiger et al. 1997

Geiger, M.; Schultz, M.; Hoffmann, P.: Einführung. In: Geiger, M.; Schultz, M. Hoffmann, P. (Hrsg.): Präzisionlaserstrahlfertigungstechnik für den Maschinenbau. Erlangen 1997, S. 7. (Abschlußbericht FORLAS I).

Giesen & Opower 1996

    Giesen, A.; Opower, H.: Diodenlaser und diodengepumpte Festkörperlaser für die Materialbearbeitung. In: Dausinger, F.; Bergmann, H. W.; Sigel, J.: 6th European Conference on Laser Treatmeant of Materials, Eclat '96, Volume 2, Wiesbaden: Dinges & Frick, 1996, S. 11-18.

Goldberg 1989

    Goldberg, D. E.: Genetic Algorithms in Search, Optimization an Machine Learning. Addison-Wesley Publishing Company, Inc 1989.

Gottschalk et al. 1996

    Gottschalk, S.; Lin, M.C., Manocha, D.: OBBTree: A Hierarchical Structure for Rapid Interference Detection, Proc. ACM Siggraph '96, 1996.

Hadamik 1990

    Hadamik: Einsatz des CO_2-Lasers für das Beschneiden ebener und räumlicher Blechteile in der Prototypenfertigung. VDI-Zeitschrift, Band 132 Heft Special (1990) Nov. , S. 52-57.

Haferkamp et al. 1993

    Haferkamp, H.; Schmidt, H.; Seebaum, D : Beam delivery using adaptive optics for material processing applications with high power CO_2 lasers. In: Laser and Tools for Manufacturing, SPIE Band 2062, Boston, 1993, Seite 61-68.

Heckmann 1994

    Heckmann, A.: Optische Oberflachenmeßtechnik als Basis fur die CAD-Modellierung, VDI-Z 136 (1994) 3, S. 65-73

Herkommer et al. 1991

    Herkommer, T.; Roth, J.-M.; Walter, S.. Off-line Programmieren - Geschichte und aktueller Stand. ZwF 86 (1991) 8, 1991, S. 392-396.

Herziger & Loosen 1995

    Herzinger, G., Loosen, P.: Neue Laserstrahlquellen fur die industrielle Fertigungstechnik. In: Geiger, M. (Hrsg.) Schlusseltechnologie Laser· Herausforderung an die Fabrik 2000, Bamberg: Meisenbach, 1995, S. 165-179

Hoffmann 1992

    Hoffmann, M.: Entwicklung einer CAD/CAM-Prozeßkette für die Herstellung für die Herstellung von Blechbiegeteilen. Munchen: Hanser, 1992

Hoffmann & Berners 1994

    Hoffmann, K.; Berners, U.: Schnelle Hilfe. Industrie (1994) 18, S. 44-45.

Holland 1975

Holland, J. H.: Adaption in Natural and Artificial Systems. Michigan University of Michigan Press, 1975.

Hollenberg 1995

Hollenberg, F.: CAD-basierte Off-line Programmierung von Lichtbogenschweißrobotern, Aachen: Shaker, 1995

Hook & Jeeves 1961

Hook, R.; Jeeves, T.A.: Direct search solution of numerical and statistical problems. JACM 8, 1961, S. 308-313.

Hornig 1995

Hornig, J.: Neue Wege beim Laserstrahschweißen im Karosseriebau. In Reinhart, G.; Milberg, J. (Hrsg.): Materialbearbeitung mit Laser: von der Planung zur Anwendung. München: Utz, 1995, S. 69-84

Hügel 1997

Hügel, H.: Laser – Universalgerat oder Spezialwerkzeug. wt Werkstattechnik 87 (1997). S. 281-288.

IGES 1986

N.N.: Initial Graphics Exchange Specification (IGES), Version 3 0, NBSIR 86-3359, U.S. National Bureau of Standards, 1986

ISO 10303 1996

N.N.: DIN V ENV ISO 10303-1, Product Data Representation and Exchange-Part 1:Overview and Fundamental Principles, Berlin Beuth Verlag 1996

Jacobi 1994

Jacobi, A. N.: Beitrag zur Parametrierung und Integration von Steuerungssimulationsmodellen, Munchen: Hanser 1994 (Reihe Produktionstechnik Berlin 151)

Jurca 1993

Jurca, M.: Industrial Monitioring of the CO2-Laser Welding Process In Laser Applications in the Automotive Industries, 26th Symposium on Automotive Technology and Automation (ISATA) Aachen, D, Sep. 13-17, 1993. Croydon: Automotive Automation, 1993, S. 179-186.

Jurkevich et al. 1995

Jurkevich, J.; Kukareko, E.; Pashkevich, A.: An Object-Oriented Approach to Workcell Modelling. In: Proceedings of the 4th Interational Conference on Intelligent Autonomous Systems, Karlsruhe, 1995, S. 436-440

Kader 1996

Kader, R.: Methoden zur Reduzierung des Programmieraufwandes für das Laserstrahlschneiden. Fortschritt-Berichte VDI Reihe 2 Nr. 394. Düsseldorf: VDI Verlag 1996.

Kallies 1995

Kallies, B.: Laserstrahlschneiden von Blechformteilen, München: Hanser, 1995. (Reihe Produktionstechnik Berlin 174)

Koepfer 1991

Koepfer, T.: 3D-grafisch-interaktive Arbeitsplanung - ein Einsatz zur Aufhebung der Arbeitsteilung, Berlin: Springer, 1991

Kolléra 1991

Kolléra, H.: Entwicklung eines benutzerorientierten Werkstattprogrammiersystems für das Laserstrahlschneiden. München Wien: Hanser, 1991.

König et al. 1991

König, W.; Trasser, F.-J.; Wetzels, W.: CAD/CAM-gestützte Prozeßauslegung beim Laserstrahlschneiden und -oberflächenveredeln. Laser und Optoelektronik 23 (1991), S. 62-66.

Krismann 1994

Krismann, U.: Laser- und Wasserstrahlschneiden endlosfaserverstärkter Thermoplaste, München: Hanser, 1994. (Reihe Produktionstechnik Berlin 141)

Krause et al. 1997

Krause, F.-L-; Baumann, R. Diaz, O.; Dreher, S.: Fuzzy-Logik verbessert Laserschneidprozesse. ZwF 92 (1997) 5, S. 239-242.

Kroth 1992

Kroth E.: CAD-programmierter Schweißroboter fertigt Roboterkomponenten. ZwF 87 (1992) 8, S. 439-442

Kukareko et al. 1995

Kukareko, E.; Pashkevich, A.; Yurkevich, Y.; Kushelev, Y.: Algorithms and Software Tools for Robotic Welding Workcells Design. In: Int. Conference on Advanced Robots and Intelligent Automation, Athen, 1995.

Kunjur & Krishnamurty 1995

Kunjur, A.; Krishnamurty S.: Genetic Algorithms in Mechanism Synthesis, In: Fourth Applied Mechanisms and Robotics Conference, Cincinnati, Ohio, Dec. 1995, AMR 95-068, 1995, S. 01-07.

Laser-Praxis 1997

N.N.: Laserschneiden programmieren. Laser-Praxis (1997) Oktober, S. 49.

Langer 1990

Langer, H.: Elektro-optische Formprufung an Freiformflachen, In: VDI/VDE-Gesellschaft Mess- u. Automatisierungstechnik (Hrsg.): Fertigungsmesstechnik und Qualitätssicherung : Fachkongreß zur MICROTECNIC '90, 18. und 19. Oktober 1990 [in Zürich], Dusseldorf: VDI-Verlag. 1990, S. 185-1191. (VDI Berichte NR. 836).

Lehmann 1993

Lehmann, K.: Roboter ohne Fehler. ROBOTERtechnik (1993), S. 32-33.

Maier 1996

Maier, E.: Von der Punktewolke zum CAD-Modell, CAD-CAM REPORT (1996) 11, S. 70-76.

Mann et al. 1992

Mann, K.; Schäfer, P.; Schmid, J.: Der Laser fur alle Falle Laser-Praxis (1992) September, S. 96-98.

Milberg 1993

Milberg, J.: Der Laser als Teil der „Neuen Fabrik", Blech Rohre Profile 40 (1993) 4, S. 297-302.

Milberg 1997

Milberg, J.: Produktion eine treibende Kraft fur unsere Volkswirtschaft. In: Milberg, J., Reinhart, G. (Hrsg.): Munchener Kolloquium '97 Mit Schwung zum Aufschwung: Information - Inspiration - Innovation Landsberg/Lech mi, Verl. Moderne Industrie 1997, S. 17-39

Müller et al. 1996

Müller, M.; Dausinger, F.; Griebsch, J.: On-Line-Prozeßsicherung beim Laserschweißen. In: Dausinger, F.; Bergmann, H. W., Sigel, J : 6th European Conference on Laser Treatment of Materials, Eclat '96, Volume 1, Wiesbaden: Dinges & Frick, 1996, S. 243-250

Nelder & Mead 1965

Nelder, J. A.; Mead, A.: A simplex method for function minimization, Computer Journal 7, 1965, S. 212-229.

Roboter + Automation 1996b

N.N.: Warten auf den Wettbewerb. Roboter + Automation (1996) April, S 48-50

Olaineck 1992

Olaineck, C.: Nd-YAG-Laser und Roboter als Team. Laser Praxis (1992) Mai, S. 25-28.

Owens 1996

Owens, J.: Task planning in robot simulation. Industrial Robot. Volume 23 (1996) 5, S.21-24.

Pischetsrieder 1997

Pischetsrieder, A.: Schneller >Scout< führt Laser. ROBOTER+AUTOMATION (1997) Februar, S. 14-16.

Powell 1964

Powell, M.: An Efficient Method of Finding the Minimum of a Function of Several Variables Without Calculating Derivatives. Computer Journal, Vol. 7, (1964) 2, S. 155-162.

Pritschow et al. 1992

Pritschow, G. et al.: Vom Designobjekt in die Fertigung: Schneller mit 4D-Lasermeßsystemen, VDI-Z 134 (1992) 9, S. 19-22.

Pritschow & Schochlin-Tessmann 1994

Pritschow, G.; Schochlin-Tessmann, W.: Fünfachsiger Direktantriebsroboter für Hochgeschwindigkeits- und Präzisionsaufgaben. In: Pritschow, G.; Spur, G. Weck, M. (Hrsg.): Roboteranwendung für die flexible Fertigung. München: Hanser, 1994, S. 83-106.

Reinhart et al. 1994a

Reinhart, G.: Wettbewerbsfähige Produktion - Voraussetzung für eine strategische Entscheidung. In: Milberg, J.; Reinhart, G. (Hrsg.): Münchener Kolloquium '94 Unsere Stärken stärken - Der Weg zu Wettbewerbsfähigkeit und Standortsicherung, Landsberg/Lech: Moderne Industrie 1994, S. 187-211

Reinhart et al. 1994b

Reinhart, G.; Bauer, L.; Trunzer, W.: Senkrechtes Auftreffen, Industrieanzeiger (1994) 48, S. 50-51.

Reinhart et al. 1995

Reinhart, G.; Lindl, H.; Trunzer W.: Lasertechnologie als Baustein wettbewerbsfähiger Produktionsstrukturen, In: Geiger, M. (Hrsg.) Schlüsseltechnologie Laser: Herausforderung an die Fabrik 2000, Bamberg: Meisenbach, 1995, S. 285-296.

Reinhart et al. 1995b

Reinhart, G.; Geiger, M.; Bauer, L.; Backes, F.: Werkstattorientierte Offline-Programmierung und Simulation für die 3D-Laserstrahlbearbeitung. In: Geiger, M.; Hoffmann, P. (Hrsg.): Präzisionslaserstrahlfertigungstechnik fuer den Maschinenbau. Berichtsband zum FORLAS-Berichtskolloquium, Erlangen, 28.6.1995, S. 23-41.

Reinhold & Gossen 1991

Reinhold, Gossen : Schnell und genau. Dreidimensionales Bearbeiten von Werkstücken mit CO2-Lasern. Der Maschinenmarkt. Band 97 (1991) Heft 49, S. 58-63.

Reuter 1993

Reuter, B.: Teamwork-protegierender Flächenmaker, Special Tooling Heft 3, 1993.

Rick et al. 1995

Rick, F.; Reinhart, G.; Lindl, H.: Technologieprozessor für das Laserstrahlschweißen mit CO2-Laser. In: Geiger, M. (Hrsg.) Schlüsseltechnologie Laser: Herausforderung an die Fabrik 2000, Bamberg: Meisenbach, 1995, S. 390-392.

Rippl 1995

Rippl, P.: Einsatzbeispiele zum Laserstrahlschweißen mit Industrierobotern. In: Reinhart, G.; Milberg, J. (Hrsg.): Materialbearbeitung mit Laser: von der Planung zur Anwendung. München: Utz, 1995, S. 50-68.

Maschinenmarkt 1997

N.N.: Traumhaft gut. Maschinenmarkt (1997) 26, S. 7.

Rooney & Steadman 1990

J. Rooney; P.Steadman (Hrsg.): CAD, Grundlagen von Computer Aided Design. München: Oldenbourg, 1990, S. 157-202.

Rosenbrock 1960

Rosenbrock, H.H.: An Automatic Method of Finding the Greatest or Least Value of a Function. Computer Journal Vol 3 (1960) 3, S. 175-184.

Schlösser 1992

Schlösser, D.: Einsatz von Robotersimulation in der Automobilindustrie anhand von Praxisbeispielen. In: Roboter '92: Roboterschweissen und Widerstandsschweissen, 1992, S. 203-206.

Schrüfer 1992

Schrüfer, N.: Erstellung eines 3D-Simulationssystems zur Reduzierung von Rüstzeiten bei der NC-Bearbeitung. Berlin: Springer, 1992.

Schwarz 1994

Schwarz, H.: Simulationsgestützte CAD/CAM-Kopplung für die 3D-Laserbearbeitung mit integrierter Sensorik. Berlin: Springer, 1994. (iwb Forschungsberichte 68)

Schwefel 1975

Schwefel, H. P.: Evolutionsstrategie und numerische Optimierung. Dissertation TU Berlin, 1975.

Schweizer 1996

Schweizer, M.: Über allen Erwartungen. Roboter+Automation (1996) Juni, S. 12-14.

Spur 1984

Spur, G.; Krause, F.-L.: CAD-Technik: Lehr- u. Arbeitsbuch für die Rechnerunterstützung in Konstruktion und Arbeitsplanung. München: Hanser 1994.

Spur & Zander 1994

Spur, G.; Zander, H.: Off-line Planungsverfahren für Bahnschweißaufgaben am Beispiel Schiffbau. In: Pritschow, G.; Spur, G. Weck, M. (Hrsg.): Roboteranwendung für die flexible Fertigung. München: Hanser, 1994, S. 167-183.

Steinborn & Sturm 1997

Steinborn, T.; Sturm, P.: Optisch Digitalisieren und Flächenrückführung, Werkstatt und Betrieb 130 (1997) 7-8, S. 553-557.

Storn & Price 1995

Storn, R.; Price, K.: Differential Evolution - A simple and efficient adaptive scheme for global optimization over continuous spaces. Technical Report R-95-012 at ICSI, 1995.

Stratmann 1993

Stratmann, K.: Kombinieren rechnet sich. Laser-Praxis (1993), S. 74-76.

Tönshoff et al. 1995

Tönshoff, H.K.; Köhler, A.; Kader, R.: "CAD/CAM-System für Materialbearbeitung verbessert die Auslastung der Laseranlage", in Maschinenmarkt, Nr. 39, 1995, S. 38 - 41.

Trunzer 1996

Trunzer, W.: Strategien zur On-Line Bahnplanung bei Robotern mit 3D-Konturfolgesensoren. Berlin: Springer, 1996. (iwb-Forschungsberichte 94)

Warnecke 1984

Warnecke, H.-J.: Fertigungsmesstechnik. Berlin: Springer, 1984 .

Weigert 1994

Weigert, H.: Freiformflächen aus digitalisierten Meßdaten, CAD-CAM REPORT (1994) 2, S. 78-85.

Weisel 1996

Weisel, W.: PC simulation: through the barricade. Industrial Robot. Volume 23 (1996) 1, S. 5-8.

Wiepking 1991

    Wiepking, H.: Auf sicheren Wegen. Industrie-Anzeiger (1991) 93, S. 32-34.

Wiesemann et al. 1995

    Wiesemann, W.; Jurca, M.; Griebsch, J.; Schlichtermann, L.: Selbstlernende Online-Prozeßüberwachung für das Lasertiefschweißen. Maschinenmarkt (1995) 48.

Wildemann 1997

    Wildemann, H.: Organisationsentwicklung für Unternehmen mit Zukunft. In: Milberg, J., Reinhart, G. (Hrsg.): Münchener Kolloquium '97 Mit Schwung zum Aufschwung: Information - Inspiration - Innovation. Landsberg/Lech: mi, Verl. Moderne Industrie 1997, S. 271-299.

Wendenburg 1998

    Wendenburg, M.: Neue Methoden im Werkzeugbau. CAD-CAM REPORT (1998) 4. S. 81-86

Woenckhaus 1994

    Woenckhaus, C.: Rechnergestütztes System zur automatisierten 3D-Layoutoptimierung. Berlin: Springer, 1994. (iwb Forschungsberichte 65)

Woenckhaus et al. 1994

    Woenckhaus, Ch.; Bauer, L. Kugelmann, D.: USIS - ein Simulationswerkzeug für Layoutplanung und Offline-Programmierung. CIM Management 10 (1994) 3, S. 20-23.

Wüstenberg et al. 1994

    Wüstenberg, D.; Jungfleisch, S.; Habel, U.; Stach, U.; Weiler, B.: Offline-Programmierung und Simulation beim automatisierten Auftragsschweißen. ZwF 89 (1994) 7-8, S. 391-393.

ZwF 1994

    N.N.: Anlagenplanung ohne Reißbrett, ZwF 89 (1994) 7-8, S. 390.

iwb Forschungsberichte

Berichte aus dem Institut für Werkzeugmaschinen und Betriebswissenschaften
der Technischen Universität München

Herausgeber: Prof. Dr.-Ing. J. Milberg und Prof. Dr.-Ing. G. Reinhart

1 Streifinger, E.
Beitrag zur Sicherung der Zuverlässigkeit und Verfügbarkeit
moderner Fertigungsmittel
1986. 72 Abb. 167 Seiten, ISBN 3-540-16391-3   68,- DM

2 Fuchsberger, A.
Untersuchung der spanenden Bearbeitung von Knochen
1986. 90 Abb. 175 Seiten, ISBN 3-540-16392-1   68,- DM

3 Maier, C.
Montageautomatisierung am Beispiel des Schraubens mit
Industrierobotern
1986. 77 Abb. 144 Seiten, ISBN 3-540-16393-X   68,- DM

4 Summer, H.
Modell zur Berechnung verzweigter Antriebsstrukturen
1986. 74 Abb. 197 Seiten, ISBN 3-540-16394-8   68,- DM

5 Simon, W.
Elektrische Vorschubantriebe an NC-Systemen
1986. 141 Abb. 198 Seiten, ISBN 3-540-16693-9   68,- DM

6 Büchs, S.
Analytische Untersuchungen zur Technologie der Kugelbearbeitung
1986. 74 Abb. 173 Seiten, ISBN 3-540-16694-7   68,- DM

7 Hunzinger, I.
Schneiderodierte Oberflächen
1986. 79 Abb. 162 Seiten, ISBN 3-540-16695-5   68,- DM

8 Pilland, U.
Echtzeit-Kollisionsschutz an NC-Drehmaschinen
1986. 54 Abb. 127 Seiten, ISBN 3-540-17274-2   68,- DM

9 Barthelmeß, P.
Montagegerechtes Konstruieren durch die Integration
von Produkt- und Montageprozeßgestaltung
1987. 70 Abb. 144 Seiten, ISBN 3-540-18120-2   68,- DM

10 Reithofer, N.
Nutzungssicherung von flexibel automatisierten Produktionsanlagen
1987. 84 Abb. 176 Seiten, ISBN 3-540-18440-6   68,- DM

11 Diess, H.
Rechnerunterstützte Entwicklung flexibel automatisierter
Montageprozesse
1988. 56 Abb. 144 Seiten, ISBN 3-540-18799-5   73,- DM

12 Reinhart, G.
Flexible Automatisierung der Konstruktion
und Fertigung elektrischer Leitungssätze
1988, 112 Abb. 197 Seiten, ISBN 3-540-19003-1   73,- DM

13 Bürstner, H.
Investitionsentscheidung in der rechnerintegrierten Produktion
1988, 77 Abb. 190 Seiten, ISBN 3-540-19099-6   73,- DM

14 Groha, A.
Universelles Zellenrechnerkonzept für flexible Fertigungssysteme
1988, 74 Abb. 153 Seiten, ISBN 3-540-19182-8   73,- DM

15 Riese, K.
Klipsmontage mit Industrierobotern
1988, 92 Abb. 150 Seiten, ISBN 3-540-19183-6   73,- DM

16 Lutz, P.
Leitsysteme für rechnerintegrierte Auftragsabwicklung
1988, 44 Abb. 144 Seiten, ISBN 3-540-19260-3   73,- DM

17 Klippel, C.
Mobiler Roboter im Materialfluß eines flexiblen Fertigungssystems
1988, 86 Abb. 164 Seiten, ISBN 3-540-50468-0   73,- DM

18 Rascher, R.
Experimentelle Untersuchungen zur Technologie der Kugelherstellung
1989, 110 Abb. 200 Seiten, ISBN 3-540-51301-9   73,- DM

19 Heusler, H.-J.
Rechnerunterstützte Planung flexibler Montagesysteme
1989, 43 Abb. 154 Seiten, ISBN 3-540-51723-5   73,- DM

20 Kirchknopf, P.
Ermittlung modaler Parameter aus Übertragungsfrequenzgängen
1989, 57 Abb. 157 Seiten, ISBN 3-540-51724   73,- DM

21 Sauerer, Ch.
Beitrag für ein Zerspanprozeßmodell Metallbandsägen
1990, 89 Abb. 166 Seiten, ISBN 3-540-51868-1   78,- DM

22 Karstedt, K.
Positionsbestimmung von Objekten in der Montage-
und Fertigungsautomatisierung
1990, 92 Abb. 157 Seiten, ISBN 3-540-51879-7   78,- DM

23 Peiker, St.
Entwicklung eines integrierten NC-Planungssystems
1990, 66 Abb. 180 Seiten, ISBN 3-540-51880-0   78,- DM

24 Schugmann, R.
Nachgiebige Werkzeugaufhängungen für die automatische Montage
1990. 71 Abb. 155 Seiren, ISBN 3-540-52138-0   78,- DM

25 **Wrba, P**
Simulation als Werkzeug in der Handhabungstechnik
1990, 125 Abb., 178 Seiten, ISBN 3-540-52231-X   78,- DM

26 **Eibelshäuser, P.**
Rechnerunterstützte experimentelle Modalanalyse
mitells gestufter Sinusanregung
1990, 79 Abb., 156 Seiten, ISBN 3-540-52451-7   78,- DM

27 **Prasch, J.**
Computerunterstützte Planung von chirurgischen Eingriffen
in der Orthopädie
1990, 113 Abb., 164 Seiten, ISBN 3-540-52543-2   78,- DM

28 **Teich, K.**
Prozeßkommunikation und Rechnerverbund in der Produktion
1990, 52 Abb., 158 Seiten, ISBN 3-540-52764-8   78,- DM

29 **Pfrang, W.**
Rechnergestützte und graphische Planung manueller
und teilautomatisierter Arbeitsplätze
1990, 59 Abb., 153 Seiten, ISBN 3-540-52829-6   78,- DM

30 **Tauber, A.**
Modellbildung kinematischer Stukturen
als Komporente der Montageplanung
1990, 93 Abb., 190 Seiten, ISBN 3-540-52911-X   78,- DM

31 **Jäger, A.**
Systematische Planung komplexer Produktionssysteme
1991, 75 Abb., 148 Seiten, ISBN 3-540-53021-5   78,- DM

32 **Hartberger, H.**
Wissensbasierte Simulation komplexer Produktionssysteme
1991, 58 Abb., 154 Seiten, ISBN 3-540-53326-5   78,- DM

33 **Tuczek H.**
Inspektion von Karosseriepreßteilen auf Risse und Einschnürungen
mittels Methoden der Bildverarbeitung
1992, 125 Abb., 179 Seiten, ISBN 3-540-53965-4   88,- DM

34 **Fischbacher, J.**
Planungsstrategien zur strömungstechnischen Optimierung
von Reinraum-Fertigungsgeräten
1991, 60 Abb., 166 Seiten, ISBN 3-540-54027-X   78,- DM

35 **Moser, O.**
3D-Echtzeitkollisionsschutz für Drehmaschinen
1991, 66 Abb., 177 Seiten, ISBN 3-540-54076-8   78,- DM

36 **Naber, H.**
Aufbau und Einsatz eines mobilen Roboters mit
unabhängiger Lokomotions- und Manipulationskomponente
1991, 85 Abb., 139 Seiten, ISBN 3-540-54216-7   78,- DM

37 **Kupec, Th.**
Wissensbasiertes Leitsystem zur Steuerung flexibler Fertigungsanlagen
1991, 68 Abb., 150 Seiten, ISBN 3-540-54260-4   78,- DM

38 **Maulhardt, U.**
Dynamisches Verhalten von Kreissägen
1991, 109 Abb., 159 Seiten, ISBN 3-540-54365-1   78,– DM

39 **Götz, R.**
Stukturierte Planung flexibel automatisierter Montagesysteme
für flächige Bauteile
1991, 86 Abb., 201 Seiten, ISBN 3-540-54401-1   78,– DM

40 **Koepfer, Th.**
3D- grafisch-interaktive Arbeitsplanung – ein Ansatz
zur Aufhebung der Arbeitsteilung
1991, 74 Abb., 126 Seiten, ISBN 3-540-54436-4   78,– DM

41 **Schmidt, M.**
Konzeption und Einsatzplanung flexibel automatisierter
Montagesysteme
1992, 108 Abb., 168 Seiten, ISBN 3-540-55025-9   88,– DM

42 **Burger, C.**
Produktionsregelung mit entscheidungsunterstützenden
Informationssystemen
1992, 94 Abb., 186 Seiten, ISBN 5-540- 55187-5   88,– DM

43 **Hoßmann, J.**
Methodik zur Planung der automatischen Montage von nicht
formstabilen Bauteilen
1992, 73 Abb., 168 Seiten, ISBN 3-540-5520-0   88,– DM

44 **Petry, M.**
Systematik zur Entwicklung eines modularen Programm-
baukastens für robotergeführte Klebeprozesse
1992, 106 Abb., 139 Seiten ISBN 3-540-55374-6   88,– DM

45 **Schönecker, W.**
Integrierte Diagnose in Produktionszellen
1992, 87 Abb., 159 Seiten, ISBN 3-540-55375-4   88,– DM

46 **Bick, W.**
Systematische Planung hybrider Montagesyste unter
Berücksichtigung der Ermittlung des optimalen Automatisierungsgrades
1992, 70 Abb., 156 Seiten ISBN 3-540-55377-0   88,– DM

47 **Gebauer, L.**
Prozeßuntersuchungen zur automatisierten Montage
von optischen Linsen
1992, 84 Abb., 150 Seiten, ISBN 3-540- 55378-9   88,– DM

48 **Schrüfer, N.**
Erstellung eines 3D–Simulationssystems zur Reduzierung
von Rüstzeiten bei der NC–Bearbeitung
1992, 103 Abb., 161 Seiten, ISBN 3-540-55431-9   88,– DM

49 **Wisbacher, J.**
Methoden zur rationellen Automatisierung der Montage
von Schnellbefestigungselementen
1992, 77 Abb., 176 Seiten, ISBN 3-540-55512-9   88,– DM

50 **Garnich. F.**
Laserbearbeitung mit Robotern
1992, 110 Abb., 184 Seiten, ISBN 3-540- 55513-7   88,– DM

51 Eubert, P.
Digitale Zustandsregelung elektrischer Vorschubantriebe
1992, 89 Abb., 159 Seiten, ISBN 3-540-44441-2   88,- DM

52 Glaas, W.
Rechnerintegrierte Kabelsatzfertigung
1992, 67 Abb., 140 Seiten, ISBN 3-540-55749-0   88,- DM

53 Helml, H.J.
Ein Verfahren zur on-line Fehlererkennung und Diagnose
1992, 60 Abb., 153 Seiten, ISBN 3-540-55750-4   88,- DM

54 Lang, Ch.
Wissensbasierte Unterstützung der Verfügbarkeitsplanung
1992, 75 Abb., 150 Seiten, ISBN 3-540-55751-2   88,- DM

55 Schuster, G.
Rechnergestütztes Planungssystem für die flexibel
automatisierte Montage
1992, 67 Abb., 135 Seiten, ISBN 3-540-55830-6   88,- DM

56 Bomm, H.
Ein Ziel- und Kennzahlensystem zum Investitionscontrolling
komplexer Produktionssysteme
1992, 87 Abb., 195 Seiten, ISBN 3-540-55964-7   88,- DM

57 Wendt, A.
Qualitätssicherung in flexibel automatisierten Montagesystemen
1992, 74 Abb , 179 Seiten, ISBN 3-540-56044-0   88,- DM

58 Hansmaier, H.
Rechnergestütztes Verfahren zur Geräuschminderung
1993, 67 Abb., 156 Seiten, ISBN 3-540-56043-2   88,- DM

59 Dilling, U.
Planung von Fertigungssystemen unterstützt
durch Wirtschaftlichkeitssimulation
1993, 72 Abb., 146 Seiten, ISBN 3-540-56307-5   88,- DM

60 Strohmayr, R.
Rechnergestützte Auswahl und Konfiguration
von Zubringeeinrichtungen
1993, 80 Abb., 152 Seiten, ISBN 3-540-56652-X   88,- DM

61 Glas, J.
Standardisierter Aufbau anwendungsspezifischer
Zellenrechnersoftware
1993, 80 Abb., 145 Seiten, ISBN 3-540-56890-5   88,- DM

62 Stetter, R.
Rechnergestützte Simulationswerkzeuge zur
Effizienzsteigerung des Industrieroboteoreinsatzes
1994, 91 Abb., 146 Seiten, ISBN 3-540-568891   88,- DM

63 Dirndorfer, A.
Robotersysteme zur förderbandsynchronen Montage
1993, 76 Abb, 144 Seiten, ISBN 3-540-57031-4   88,- DM

64 Wiedemann, M.
Simulation des Schwingungsverhaltens spanender Werkzeugmaschinen
1993, 81 Abb., 137 Seiten, ISBN 3-540-57177-9   88,- DM

65 Woenckhaus, Ch.
Rechnergestütztes System zur automatisierten 3D-Layoutoptimierung
1994, 81 Abb., 140 Seiten,ISBN 3540-57284-8   88,- DM

66 Kummetsteiner, G.
3D-Bewegungssimulation als integratives Hilfsmittel zur Planung
manueller Montagesysteme
1994, 62 Abb.; 146 Seiten, ISBN 3-540-57535-9   88,- DM

67 Kugelmann, F.
Einsatz nachgiebiger Elemente zur wirtschaftlichen Automatisierung
von Produktionssystemen
1993, 76 Abb., 144 Seiten, ISBN 3-540-57549-9   88,- DM

68 Schwarz, H.
Simulationsgestützte CAD/CAM-Kopplung für die 3D-Laserbearbeitung
mit integrierter Sensorik
1994, 96 Abb., 148 Seiten, ISBN 3-540-57577-4   88,- DM

69 Viethen, U.
Systematik zum Prüfen in Flexiblen Fertigungssytemen
1994, 70 Abb., 142 Seiten, ISBN 3-540-57794-7   88,- DM

70 Seehuber, M.
Automatische Inbetriebnahme geschwindigkeitsadaptiver Zustandsregler
1994, 72 Abb., 155 Seiten, ISBN 3-540-57896-X   88,- DM

71 Amann, W.
Eine Simulationsumgebung für Planung und Betrieb
von Produktionssystemen
1994, 71 Abb., 129 Seiten, ISBN 3-540-57924-9   88,- DM

72 Schöpf, M.
Rechnergestützes Projektinformations- und Koordinationssystem
für das Fertigungsvorfeld
1997, 63 Abb., 130 Seiten, ISBN 3-540-58052-2   88,- DM

73 Welling, A.
Effizienter Einsatz bildgebender Sensoren zur Flexibilisierung
automatisierter Handhabungsvorgänge
1994, 66 Abb., 139 Seiten, ISBN 3-540-580-0   88,- DM

74 Zetlmayer, H,
Verfahren zur simulationsgestüzen Produktionsregelung
in der Einzel- und Kleinserienproduktion
1994, 62 Abb., 143 Seiten, ISBN 3-540-58134-0   88,- DM

75 Lindl, M.
Auftragsleittechnik für Konstruktion und Arbeitsplanung
1994, 66 Abb,. 147 Seiten, ISBN 3-540-58221-5   88,- DM

76 Zipper, B.
Das integrierte Betriebsmittelwesen – Baustein einer flexiblen Fertigung
1994, 64 Abb., 147 Seiten, ISBN 3-540-58222-3   88,- DM

77 Raith, P.
Programmierung und Simulation von Zellenabläufen
in der Arbeitsvorbereitung
1995, 51 Abb., 130 Seiten, ISBN 3-540-58223-1   88,- DM

78 **Engel, A.**
Strömungstechnische Optimierung von Produktionssystemen
durch Simulation
1994, 69 Abb., 150 Seiten, ISBN 3-540-58258-4   88,– DM

79 **Zäh, M. F.**
Dynamisches Prozeßmodell Kreissägen
1995, 95 Abb., 186 Seiten, ISBN 3-540-58624-5   88,– DM

80 **Zwanzer, N.**
Technologisches Prozeßmodell für die Kugelschleifbearbeitung
1995, 65 Abb., 150 Seiten, ISBN 3-540-58634-2   88,– DM

81 **Romanow, P.**
Konstruktionsbegleitende Kalkulation von Werkzeugmaschinen
1995, 66 Abb., 151 Seiten, ISBN 3-540-58771-3   88,– DM

82 **Kahlenberg, R.**
Integrierte Qualitätssicherung in flexiblen Fertigungszellen
1995, 71 Abb., 136 Seiten, ISBN 3-540-58772-1   88,– DM

83 **Huber, A.**
Arbeitsfolgenplannung mehrstufiger Prozesse in der Hartbearbeitung
1995, 87 Abb., 152 Seiten, ISBN 3-540-58773-X   88,– DM

84 **Birkel, G.**
Aufwandsminimierter Wissenserwerb für die Diagnose
in flexiblen Produktionszellen
1995, 64 Abb., 137 Seiten, ISBN 3-540-58869-8   88,– DM

85 **Simon, D.**
Fertigungsregelung durch zielgrößenorientierte Planung und
logistisches Störungsmanagment
1995, 77 Abb., 132 Seiten, ISBN 3-540-58942-2   88,– DM

86 **Nedeljkovic-Groha, V.**
Systematische Planung anwendungsspezifischer Materialflußsteuerungen
1995, 94 Abb., 188 Seiten, ISBN 3-540-58953-8   88,– DM

87 **Rockland, M.**
Flexibilisierung der automatischen Teilebereitstellung in Montageanlagen
1995, 83 Abb., 151 Seiten, ISBN 3-540-58999-6   88,– DM

88 **Linner, St.**
Konzept einer integrierten Produktentwicklung
1995, 67 Abb., 168 Seiten, ISBN 3-540-59016-1   88,– DM

89 **Eder, Th.**
Integrierte Planung von Informationssystemen für rechnergestützte
Produktionssysteme
1995, 62 Abb., 150 Seiten, ISBN 3-540-59084-6   88,– DM

90 **Deutschle, U.**
Prozeßorientierte Organisation der Auftragsentwicklung in mittelständischen
Unternehmen
1995, 80 Abb., 188 Seiten, ISBN 3-540-59337-3   88,– DM

91 **Dieterle, A.**
Recyclingintegrierte Produktentwicklung
1995, 68 Abb., 146 Seiten, ISBN 3-540-60120-1   88,– DM

92 **Hechl, Chr**
Personalorientierte Montageplanung für komplexe
und variantenreiche Produkte
1995, 73 Abb., 158 Seiten, ISBN 3-540-60325-5   88,– DM

93 **Albertz, F.**
Dynamikgerechter Entwurf von Werkzeugmaschinen – Gestellstrukturen
1995, 83 Abb., 156 Seiten, ISBN 3-540-60606-8   88,– DM

94 **Trunzer, W.**
Strategien zur On-Line Bahnplanung bei Robotern mit 3D-Konturfolgesensoren
1996, 101 Abb., 164 Seiten, ISBN 3-540-60961-X   88,– DM

95 **Fichtmüller, N.**
Rationalisierung durch flexible, hybride Montagesysteme
1996, 83 Abb., 145 Seiten, ISBN 3-540-60960-1   88,– DM

96 **Trucks, V.**
Rechnergestützte Beurteilung von Getriebestrukturen in Werkzeugmaschinen
1996, 64 Abb., 141 Seiten, ISBN 3-540-60599-8   88,– DM

97 **Schäffer, G.**
Systematische Integration adaptiver Produktionssysteme
1996, 71 Abb., 170 Seiten, ISBN 3-540-60958-X   88,– DM

98 **Koch, M. R.**
Autonome Fertigungszellen – Gestaltung, Steuerung und
integrierte Störungsbehandlung
1996, 67 Abb., 138 Seiten, ISBN 3-540-61104-5   88,– DM

99 **Moctezuma de la Barrera, J. L.**
Ein durchgängiges System zur computer- und roboterunterstützten Chirurgie
1996, 99Abb., 175 Seiten, ISBN 3-540-61145-2   88,– DM

100 **Geuer, A.**
Einsatzpotential des Rapid Prototyping in der Produktentwicklung
1996, 84 Abb., 154 Seiten, ISBN 3-540-61495-8   88,– DM

101 **Ebner, C**
Ganzheitliches Verfügbarkeits- und Qualitätsmanagement unter
Verwendung von Felddaten
1996, 67 Abb., 132 Seiten, ISBN 3-540-61678-0   88,– DM

102 **Pischeltsrieder, K.**
Steuerung autonomer mobiler Roboter in der Produktion
1996, 74 A., 171 Seiten, ISBN 3-540-61714-0   88,– DM

103 **Köhler, R.**
Disposition und Materialbereitstellung bei komplexen
variantenreichen Kleinserienprodukten
1997, 62 Abb., 177 Seiten, ISBN 3-540-62024-9   88,– DM

104 **Feldmann, Ch.**
Eine Methode für die integrierte rechnergestützte Montageplanung
1997, 71 Abb., 163 Seiten, ISBN 3-540-62059-1   88,– DM

105 **Lehmann, H.**
Integrierte Materialfluß- und Layoutplanung durch Kopplung
von CAD- und Ablaufsimulationssystem
1997, 96 Abb., 191 Seiten, ISBN 3-540-62202-0   88,– DM

106 **Wagner, M.**
Steuerungsintegrierte Fehlerbehandlung für maschinennahe Abläufe
1997, 94 Abb., 164 Seiten, ISBN 3-540-62656-5   88,– DM

107 **Lorenzen, J.**
Simulationsgestützte Kostenanalyse in produktorientierten
Fertigungsstrukturen
1997, 63 Abb., 129 Seiten, ISBN 3-540-62794-4   88,– DM

108 **Krönert, U.**
Systematik für die rechnergestützte Ähnlichteilsuche und Standardisierung
1997, 53 Abb., 127 Seiten, ISBN 3-540-63338-3   88,– DM

109 **Pfersdorf, I.**
Entwicklung eines systematischen Vorgehens zur Organisation des
industriellen Service
1997, 74 Abb., 172 Seiten, ISBN 3-540-63615-3   88,– DM

110 **Kuba, R.**
Informations- und kommunikationstechnische Integration von Menschen
in der Produktion
1997, 77 Abb., 155 Seiten, ISBN 3-540-63642-0   88,– DM

111 **Kaiser, J.**
Vernetztes Gestalten von Produkt und Produktionsprozeß mit Produktmodellen
1997, 67 Abb., 139 Seiten, ISBN 3-540-63999-3   88,– DM

112 **Geyer, M.**
Flexibles Planungssystem zur Berücksichtigung ergonomischer Aspekte bei
der Produkt- und Arbeitssystemgestaltung
1997, 85 Abb., 154 Seiten, ISBN 3-540-64195-5   88,– DM

113 **Martin, C.**
Produktionsregelung – ein modularer, modellbasierter Ansatz
1998, 73 Abb., 162 Seiten, ISBN 3-540-64401-6   88,– DM

114 **Löffler, Th.**
Akustische Überwachung automatisierter Fügeprozesse
1998, 85 Abb., 136 Seiten, ISBN 3-540-64511-X   88,– DM

115 **Lindermaier, R.**
Qualitätsorientierte Entwicklung von Montagesystemen
1998, 84 Abb., 164 Seiten, ISBN 3-540-64686-8   88,– DM

116 **Koehrer, J.**
Prozeßorientierte Teamstrukturen in Betrieben mit Großserienfertigung
1998, 75 Abb., 185 Seiten, ISBN 3-540-65037-7   88,– DM

117 **Schuller, R. W.**
Leitfaden zum automatisierten Auftrag von hochviskosen Dichtmassen
1999, 76 Abb., 162 Seiten, ISBN 3-540-65320-1   88,– DM

118 Debuschewitz, M.
Integrierte Methodik und Werkzeuge zur herstellkostenorientierten
Produktentwicklung
1999, 104 Abb., 169 Seiten, ISBN 3-540-65350-3   88,– DM

119 Bauer, L.
Strategien zur rechnergestützten Offline-Programmierung von
3D-Laseranlagen
1999, 98 Abb., 145 Seiten, ISBN 3-540-65382-1   88,– DM

Die Bände sind im Erscheinungsjahr und in den folgenden drei Kalenderjahren zu beziehen
durch den örtlichen Buchhandel oder durch
Lange & Springer, Otto-Suhr-Allee 26-28, 10585 Berlin